JN046484

サイバーリンク公認

グリーン・プレス
DIGITAL
ライブラリー
51

簡単
すぐわかる
楽しい

動画編集

PowerDirector 完全リファレンス

パワーディレクター

CyberLink

土屋徳子◎著

グリーン・プレス

おことわり

本書の解説は 2021 年 3 月時点での Windows 版 PowerDirector 365 をベースとして執筆しております。基本的な動画編集に関する操作は Windows 版、Mac 版共通です。なお Mac 版は 365（サブスクリプション版）のみの販売であり、現在一部搭載されていない機能がありますが、今後のバージョンアップで Windows 版と同じ機能が追加される可能性があります。

また Windows 版にはパッケージ販売の Standard をはじめ Ultra、Ultimate、Ultimate Suite などのさまざまなバージョンがあります。

ご購入いただいたエディションによっては、本書に記載の機能がサポートされていない場合があります。各エディションの機能の違いについてはサイバーリンク Web サイトをご覧ください。

⇨ https://jp.cyberlink.com/

Windows 版システム要件

OS	Microsoft Windows 10、8、8.1、7 SP （64 bit OS のみ対応）
CPU	Intel Core i-series、または AMD Phenom II 以上 フル HD ビデオ編集 & 書き出し：Intel Core i5、または AMD Phenom II X4 以上推奨 365、Ultimate Suite、Ultimate、Ultra 2K/4K/3D/360 度 ビデオ編集 & 書き出し：Intel Core i7 または AMD FX 以上推奨
グラフィックス（GPU）	通常動画：128MB 以上の VRAM 360 度動画：DirectX 11 に対応 AI プラグイン：2GB 以上の VRAM 365、Ultimate Suite、Ultimate Newblue FX Titler pro を使用する場合には 256MB 以上の VRAM 容量を持つ OpenGL 2.1 対応 VGA
メモリー	4GB 以上（8GB 以上推奨）
ハードディスクの空き容量	10GB 365、Ultimate Suite、Ultimate 追加コンテンツをインストールする場合には 11GB 推奨
光学ドライブ	書き込み可能 DVD ドライブ、Blu-ray ドライブ
サウンド機能	Windows 対応のサウンドカード、またはオンボードサウンド機能
モニター解像度	1024 × 768、16-bit カラー以上

※要インターネット接続

Mac 版システム要件

OS	Mac OSX 10.14
CPU	Intel Core i-series、 または Apple M1（Rosetta 対応）
グラフィックス（GPU）	通常動画 :128MB 以上の VRAM
メモリー	4GB 以上（8GB 以上推奨）
ハードディスクの空き容量	10GB
サウンド機能	Mac OSX 対応のサウンドカード、またはオンボードサウンド機能
モニター解像度	1024 × 768、16-bit カラー以上

※ Mac 版にはディスク作成機能はありません。
※要インターネット接続

本書の内容は執筆時点での情報であり、予告なく内容が変更されることがあります。また、システム環境やハードウェア環境によっては、本書どおりの操作ならびに動作ができない場合がありますので、ご了承ください。
本書の制作にあたっては、正確な記述に努めていますが、本書の内容や操作の結果、または運用の結果、いかなる損害が生じても、著者ならびに発行元は一切の責任を負いません。

はじめに

旅行やイベント、子供の成長過程など動画を撮影するときは、ファインダーやモニター越しにわくわくどきどきして、息を止めてしまうほど集中してしまうものです。

このような動画を「作品にして公開したい」「ディスクに書き込んでほかの人に渡したい」と思いながらも、カメラから動画をどのように取り出して編集すればいいのかわからず、撮るだけ撮ってそのままになってしまいがちです。

そこでこのような未編集の動画を、手軽に動画編集ソフトで 1 本の動画作品にまとめてみましょう。

本書では、Windows や Mac で使用できる動画編集ソフト「CyberLink PowerDirector 365」を使って、動画をパソコンに読み込み、さまざまな編集をして誰もが鑑賞できる方法で保存をしたり、動画のディスクを作成したり、Youtube などの動画サイトに公開したりするまでの詳しい手順や使い方について解説をしています。

初めての動画編集でもできるだけスムーズに完成まで進められるように、専門的なツールの用語や使い方もわかりやすく紹介しています。

真剣に撮った動画も、ストレージに眠らせたままでは誰にも見てもらえません。
撮影時のわくわく感が伝わるような、磨きのかかった動画作品に仕上げて、見てもらう人と感動を共有しましょう。

土屋 徳子

目 次

本書の使い方

本書は CyberLink PowerDirector を活用するためのリファレンスブックです。
動画編集の初心者から上級者まで PowerDirector を使いこなすための一助としてご活用ください。

本書に掲載している PowerDirector の画面は 2021 年 3 月時点のものであり、実際の製品とは異なる場合があります。また製品は予告なく変更される場合があり、掲載している画面と実際の製品が異なっている場合は、実際の製品が優先されます。

基本的な動画編集に関する操作は Windows 版、Mac 版共通です。またご購入いただいたエディションによっては、トランジションやエフェクトの収録数など一部機能に差異があり、本書に記載の機能がサポートされていない場合があります。ご了承ください。

動画編集の流れをおぼえよう

1-1 動画編集の目的とは?

旅行やイベント、成長記録、趣味、料理、プロモーションなど、動画作品を作る目的はさまざまです。撮影したときのわくわく感を失うことなく、動画編集ソフトを上手に使って動画の魅力を引き出して、納得のいく作品に仕上げて人に見てもらいましょう。

動画編集とはどんなこと?

「動画を編集する」という目的はさまざまですが、人に「最後まで見てもらう」というのが一番の目標でしょう。動画の始まりから、刻々と変化する被写体や物の動き、風景や背景の移り変わりなど、見る人にストーリーを想像させながら、終わりへと導きます。この流れや展開をうまく作り上げて、1本の動画ファイルとして出力するまでが動画編集です。

動画を最後まで見てもらうのはなかなか大変なことですが、動画編集ソフトを使うことで、動画の構成やテンポを操作して、さまざまな視覚効果を加えたり、プロ並みの手法も使って「目を引く」作品として完成させることができます。

なぜタイムラインで編集するの?

本書で使用する動画編集ソフトの「PowerDirector」には、撮影したビデオ クリップを簡単な操作で1本の流れのある動画を完成させるモード(自動モード)や、細かく自分で効果を加えたり調整しながら作り上げるモード(フル モード)などが用意されています。本書では後者の「フル モード」を使って操作します。

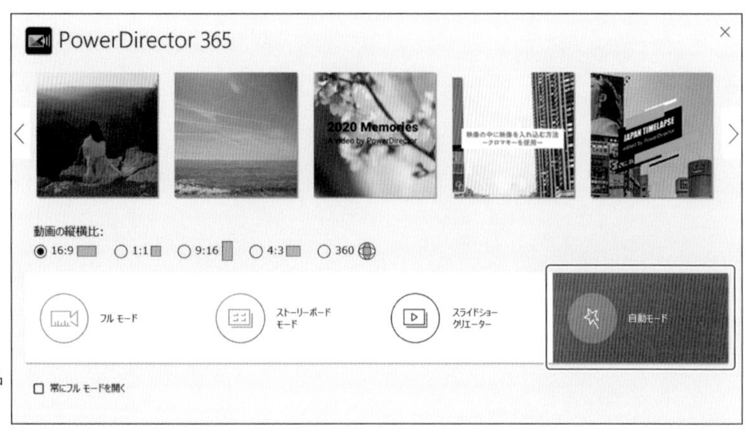

手早く簡単に本格的な効果を使った動画作品を作りたい→自動モード

Memo
Mac 版では起動時に直接「フル モード」が開きます。なお「自動モード」はありません。

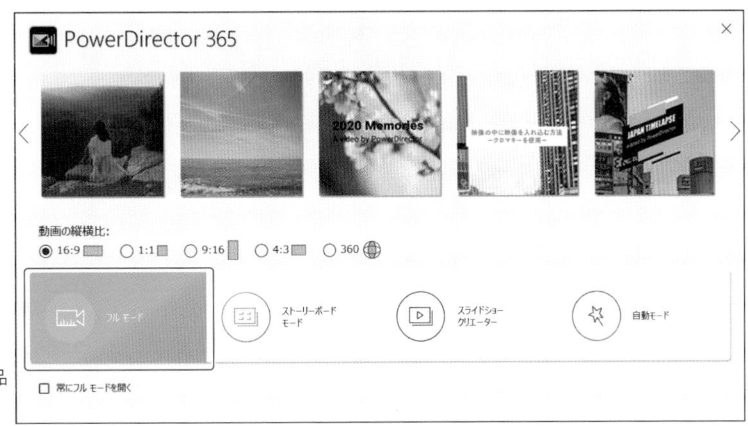

いろいろな効果を自分で選びながら動画作品を作りこみたい→フル モード

フル モードで起動させるといきなり本格的なタイムライン編集画面が表示され、はじめは敷居の高さを感じてしまうかもしれません。しかしながら動画編集は時間の流れとともに映像の動きや音声を操作するものなので、このようなタイムラインの仕組みが最も適しているのです。

フル モードを選ぶと開くタイムライン編集画面

楽しみながら動画作品を完成させよう

撮った動画を PowerDirector に読み込んで、タイムラインに挿入して BGM とともに再生してみましょう。一気に気分が高まります。すると次はタイトルを入れたくなり、次には切り替え効果を、さらにエフェクト、テロップ、エンドロールも加えたい、というように次々と欲が出てきます。

PowerDirector にはそのような思いにこたえるべく、さまざまな編集機能が備わっています。プロのような映像効果も、わくわくしながら挑戦できます。

まずは動画を読み込むところから始めて、基本的な編集の手順を覚えながら、納得のいく動画作品を完成させましょう。

1-2 動画編集の工程を把握しよう

動画を撮影するところから、動画編集ソフトへの読み込み、編集、出力という一般的な動画編集の流れを把握しておきましょう。

動画編集の主な流れ

動画編集は主に次のような工程で進めていきます。

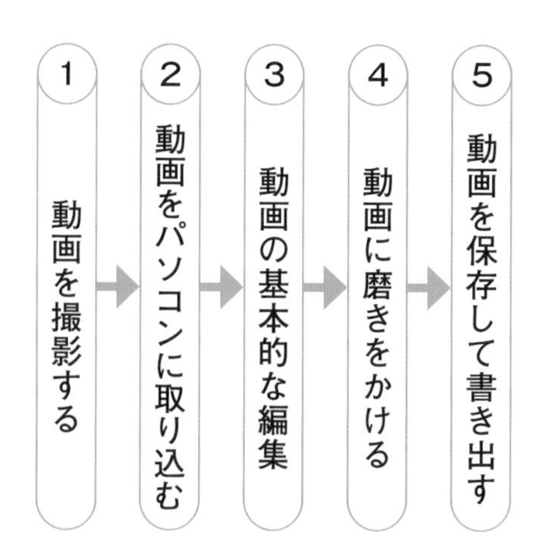

1 動画を撮影する

撮影できる機材を使って動画を撮影して記録します。デジタルビデオカメラをはじめ、デジタルカメラの録画モードや、スマートフォンなどで撮影します。

2 動画をパソコンに取り込む

撮影した動画ファイルをパソコンに取り込みます。デジタルビデオカメラやビデオカメラとパソコンにUSBケーブルを接続したり、カメラから取り出したUSBメモリーやメモリーカードをパソコンに差し込んで読み込んだりします。スマートフォンの動画ファイルもケーブルにつないでパソコンに取り込みます。
なお、PowerDirectorで扱うことができる主な動画ファイル形式は次の通りです。

H.265/HEVC	MOD	MVC (MTS)	MOV	MPEG-1、2
MPEG-4 AVC (H.264)	FLV (H.264)	MP4	MKV	TOD
3GPP2	VOB	AVCHD (M2T, MTS)	VRO	AVI
WMV	DAT	WMV-HD	DV-AVI	DVR-MS
WebM	HDR	ProRes	MXF AVC	XAVC

※そのほか3D動画、360°動画にも対応

3 動画の基本的な編集

取り込んだ動画を、ビデオクリップとして PowerDirector に読み込んで、トリミングをしたり、複数のクリップをつなぎ合わせたりして、1 本の動画の骨組みを作ります。

PowerDirector に動画を読み込む

デジタルビデオカメラやスマートフォンなどのデバイスから動画ファイルをパソコンおよび PowerDirector に読み込みます。

タイムラインに挿入する

PowerDirector の「メディアルーム」からタイムラインに動画、画像、音声などのコンテンツ（クリップ）を追加します。

トリミングをして見せたい部分を残す

クリップの必要な部分だけを切り取って使用します。

複数のクリップをつなげる

複数のクリップをつなげて、1本の動画作品にまとめます。

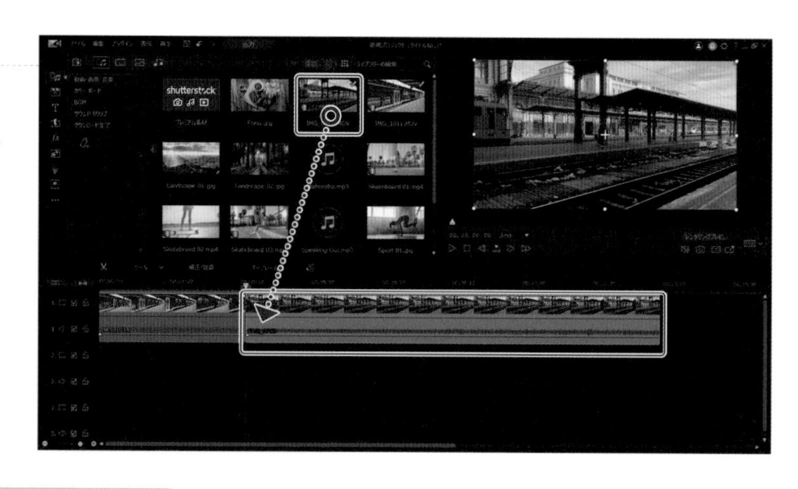

4 動画に磨きをかける

PowerDirector で、明るさや色の調整、クリップの切り替え効果、エフェクトなどを追加します。また動画の最初にタイトルを入れたり、BGM や音声などを追加して、動画に磨きをかけます。

効果を加える

クリップに切り替え効果やエフェクトなどの効果を追加します。

BGM を加える

動画作品の背景に流れる曲や効果音などを追加します。

タイトルを加える

動画作品のタイトルおよび字幕、エンドロールなどを追加します。

5 動画を保存して書き出す

編集した動画のプロジェクトを保存して、別途動画ファイルとして書き出します。YouTube や SNS に投稿したり、DVD やブルーレイディスクなどに書き出して利用しましょう。

プロジェクトを保存する

編集した動画作品を、後から編集可能なプロジェクトファイルとして保存をします。

Memo

③と④の工程はプロジェクトを保存しておけば、いつでもその時点に戻ってやり直すことができます。また作業の順番も決まりはなく、どれから手を付けても OK です。

動画を書き出す

誰でも見ることができる一般的な動画ファイルに書き出して利用します。

出力の方法を選ぶ

ディスクを作成する

DVD やブルーレイディスク用にメニューなどを設定してディスクに書き込みます。

ディスクを作成する

Memo

Mac 版では PowerDirector から直接ディスクに書き込むことはできません。

PowerDirector でこんなことができる

2-1 PowerDirectorの概要と種類

PowerDirector ではどのようなことができるのか、また、ソフトの種類と導入方法について知っておきましょう。

PowerDirector の種類

「PowerDirector」は誰でも手軽に本格的な動画作品をつくることができる人気の動画編集ソフトです。初心者からでも使いやすく必要なツールを備えていて、プロ仕様のツールや効果を学びながら試したり、さらにカスタマイズして動画作品に磨きをかけることができます。

PowerDirector は「通常版」と「サブスクリプション版」があり、通常版にはさらに「パッケージ版」が用意されています。「サブスクリプション版」の PowerDirector 365 は Windows 版、Mac 版があり、いずれも月または年ごとの契約プランを利用することで常に最新バージョンや素材を利用することができます。また 30 日間限定の無料版も用意されていますので、はじめは無料版から試してみましょう。

PowerDirector の製品紹介ページ

Memo

本書では PowerDirector 365 の機能を使って解説しています。365 と無料版とでは使用できる機能の種類が異なりますのでご了承ください。

通常版				サブスクリプション版	
				おすすめ	最もお得
PowerDirector Standard	PowerDirector Ultra	PowerDirector Ultimate	PowerDirector Ultimate Suite	PowerDirector 365	Director Suite 36

PowerDirector の通常版とサブスクリプション版

「無料ダウンロード」ページ

無料版のダウンロードとインストール

PowerDirectorの無料版をダウンロードするには、下記のURLにアクセスして、「無料ダウンロード」をクリックします。

https://jp.cyberlink.com/downloads/trials/powerdirector-video-editing-software/download_ja_JP.html

Memo

このQRコードをスマートフォンのカメラで撮影して上記URLをメールでパソコンに送信できます。

ダウンロードが自動的に開始されます。ダウンロードされた「CyberLink_PowerDirector_Downloader.exe」ファイルを開きます。

「次へ」でお使いのOSをクリックします。ここでは一例として「Windows」をクリックします。

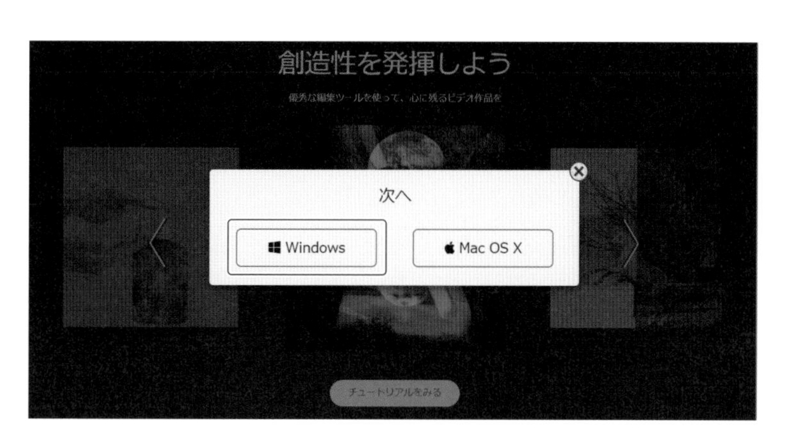

「開始」ボタンをクリックして、プログラムをダウンロード後、「インストール」をクリックしてインストールを開始します。

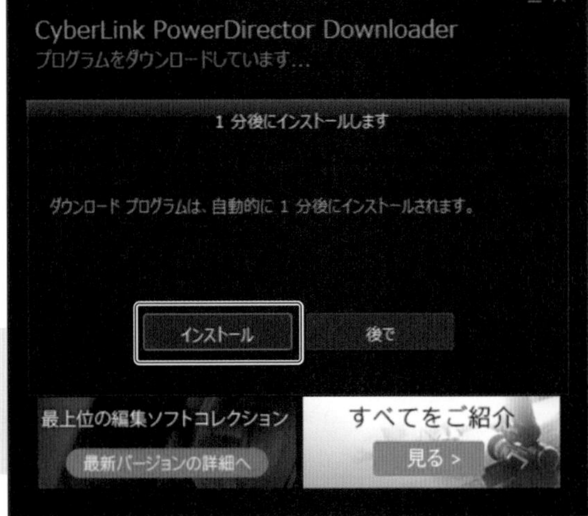

Memo

Mac 版ではダウンロードした「CLDownloader.dmg」ファイルを起動して、ステップに従ってインストールします。

インストール画面が開きます。「次へ」をクリックします。

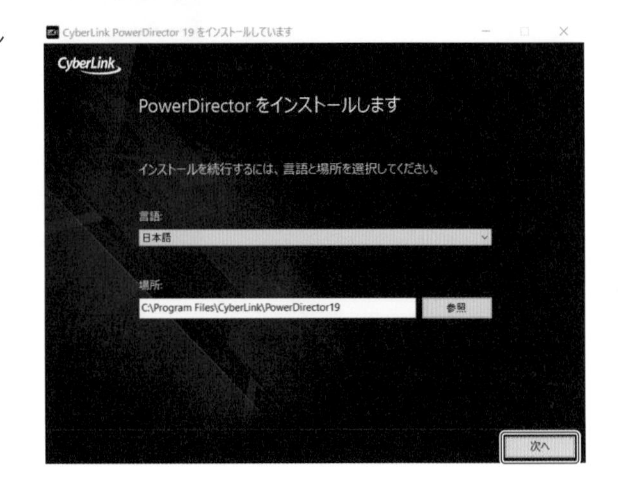

「ライセンス契約」画面で内容を確認のうえ、「同意する」ボタンをクリックします。

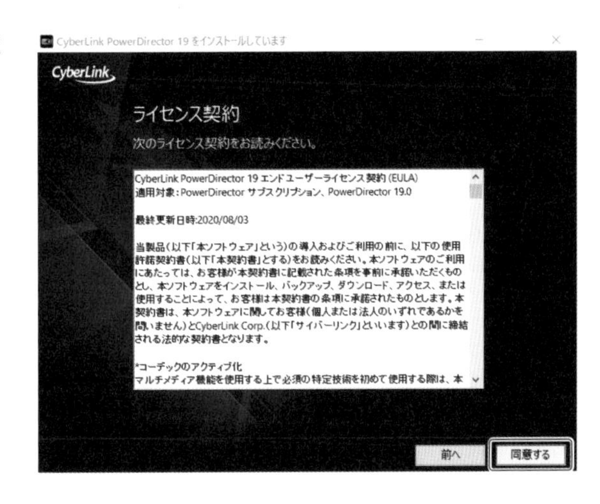

インストールが開始されます。

インストール完了後、ウィンドウの「閉じる」ボタンをクリックすると完了します。

Memo

「PowerDirector を起動」をクリックすると、PowerDirector が起動します。

PowerDirector 365 へ移行する

PowerDirector 無料版をインストール後、さまざまな機能を使用できる「365」へ移行する方法です。なお、365 を使用するにはサブスクリプションの契約が必要です。

PowerDirector のインストール後、起動画面で「フル モード」をクリックすると開く画面で「購入」をクリックします。

Memo

無料版を試すのであれば「無料版を起動する」をクリックします。次回の起動時にも同じ画面が開くのでいずれかを選択します。無料版はほぼ全機能を 30 日間利用可能ですが、出力した動画にロゴが入ります。また期間経過後も機能限定でずっと使うことができます。なお無料版の使用においてもサイバーリンク アカウントの登録が必要です。

ブラウザが起動してサイバーリンクのサイトが開きます。「12 ヶ月プラン」または「1 ヶ月プラン」のいずれかを選び、サイバーリンク アカウントを入力します。未加入の場合はアカウントに使用するメールアドレスを入力し、購入後にパスワードを設定します。

「PowerDirector 365 を購入」画面が開きます。内容を確認して「ご注文手続きへ進む」をクリックします。購入者の情報を入力し、支払い方法の選択をして「注文を確定」をクリックします。

注文確定後、表示されるページから「CyberLink Application Manager」をダウンロードしてインストールします。注文内容がメールでも送られてくるので、そこからダウンロードも可能です。

CyberLink Application Manager とは?

CyberLink Application Manager (CAM) を使うと、購入、サブスクリプション契約されたすべての CyberLink ソフトウェアをダウンロード、インストール、管理したり、最新のソフトウェアやアップデート情報なども確認できます。インストールが完了したら、CyberLink のアカウントを使ってサインインしてください。

☑ 次回からこのメッセージを表示しない　チュートリアルを見る

サインイン

「CyberLink Application Manager」の起動時にサイバーリンク アカウントでのサインインをします。改めて「PowerDirector 365」をインストールをします。無料版がアンインストールされてから「365」がインストールされます。

2-2 各モードの特徴

PowerDirector には複数の編集モードが用意されています。目的のモードを選んで起動しましょう。

PowerDirector を起動させると、最初に開く画面で複数の編集モードからいずれか 1 つを選ぶ必要があります。PowerDirector 365 に用意されているモードは次の通りです。

フル モード

※ Mac 版では起動すると直接「フル モード」で開きます。

タイムラインを使って動画を編集する標準モードです。ビデオ クリップや BGM、エフェクト、タイトルなどを帯状の「トラック」に配置して、時間の流れごとに編集することができます。使えるツールや機能も多く、より細かく編集をして作り込めます。Tab キーを押すとストーリーボード モードに切り替わります。

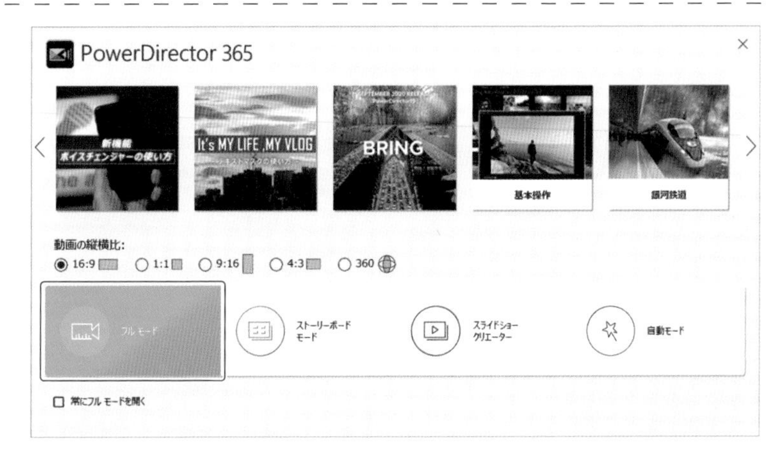

各トラックのクリップを時間軸で編集するフル モードのタイムライン

ストーリーボード モード

ビデオ クリップをトラックにサムネイルのように並べて、手軽に編集ができるモードです。使用できる機能に制限がありますが、フル モードと同じ機能を使おうとすると、自動的にタイムラインのモードに切り替わります。その後 Tab キーを押してストーリーボード モードに切り替えられます。

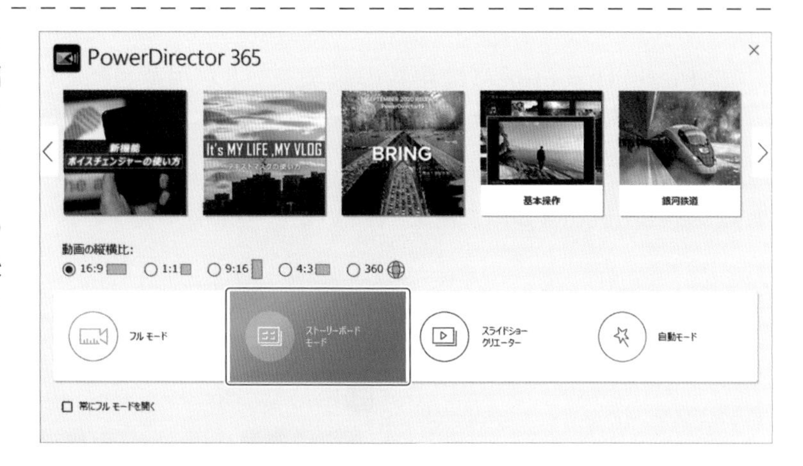

クリップをタイル状に配置して編集するストーリーボード モード

Memo
Mac 版は「フル モード」のみで、他のモードはありません。

スライドショー クリエーター

写真を使って動きのあるスライドショーを作成します。多くの写真を次々切り替えて動画として見せたいときに便利です。スタイルと BGM を選ぶだけで、自動的に効果付きのスライドショーができあがります。最後に目的に応じた書き出しをしたり、「詳細編集」を選ぶとフル モードに切り替わります。

自動モード

「マジック ムービー ウィザード」でスタイルを選び、「設定」で BGM やムービーの所要時間を設定するだけで、簡単にデザインされた動画作品ができあがります。最後に目的に応じた書き出しをしたり、「詳細編集」を選ぶとフル モードに切り替わります。

2-3 起動と終了

PowerDirectorを起動して終了するまでの操作を知っておきましょう。PowerDirectorで何らかの編集を行った後はプロジェクトを保存して、次回の編集に現在の状態を引き継いでおきましょう。

PowerDirectorを起動する

PowerDirectorを起動する方法は数種類あります。

ショートカットアイコンをダブルクリック

デスクトップに追加された「CyberLink PowerDirector」のショートカットアイコンをダブルクリックします。

Windowsのスタートから選ぶ

Windowsのスタートを開き、「C」の項目の「CyberLink PowerDirector」のアイコンをクリックします。

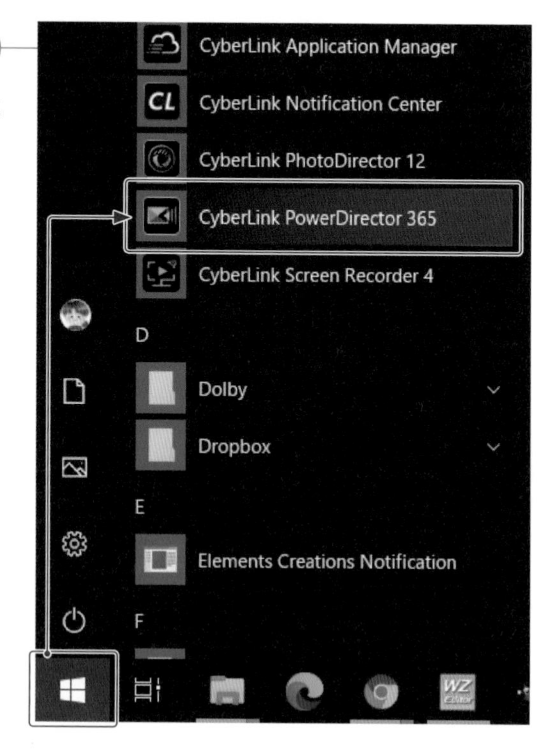

Memo

スタート画面の「CyberLink PowerDirector」を右クリックして「その他」から「タスク バーにピン留めする」を選ぶと、タスク バーから手軽に起動できます。

モードを選ぶ

PowerDirector のスタート画面でモードを選んで起動しましょう。ここではフル モードを選びます。

PowerDirector の終了

PowerDirector を終了するには、ウィンドウの「閉じる」ボタンをクリックするか、「ファイル」メニューの「終了」を選びます。

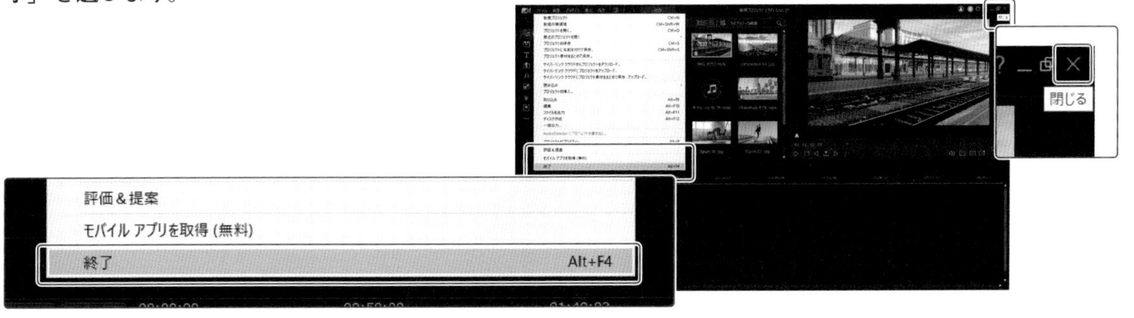

PowerDirector でなにも編集をしていない場合はそのまま閉じますが、動画素材を取り込むなど何らかの編集を行った場合は「今すぐ変更を保存しますか？」のダイアログが開くので、保存をする場合は「はい」を、保存をせずに閉じる場合は「いいえ」を選びます。

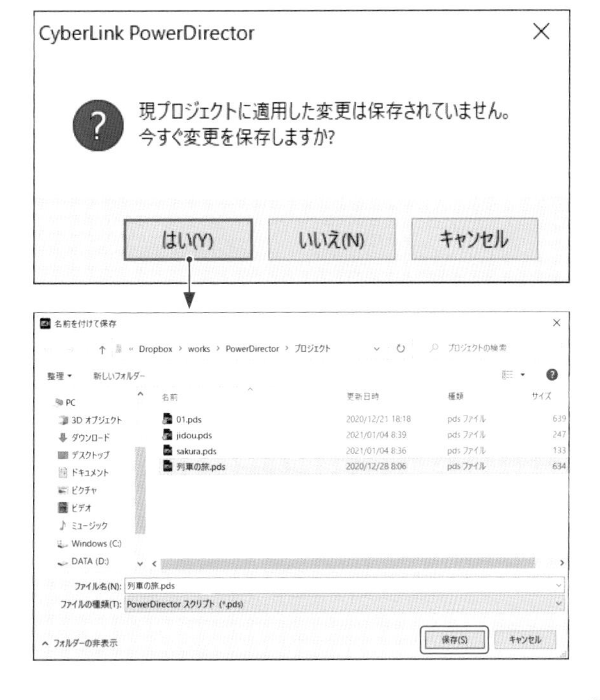

「はい」を選んだ場合は、保存するフォルダーを選び、プロジェクトのファイル名を入力して「保存」をクリックします。

保存終了後に PowerDirector が閉じます。

2-4 フル モードの画面構成

PowerDirectorをフル モードで起動すると開く画面の概要を確認しましょう。大きく3つのエリアにわかれています。

フル モードの3つのエリア

フル モードは上の左右に2つのエリア、下にタイムラインの3つのエリアで構成されています。どのように使い分けるのかを理解しておきましょう。

ライブラリー ウィンドウ

動画や音声、画像など取り込んだり、「ルーム」ボタンを切り替えてコンテンツの一覧を表示したり目的のコンテンツを選んだりします。

プレビュー ウィンドウ

動画を再生して確認します。ライブラリーにあるビデオ クリップだけを再生したり、編集中の動画全体を再生して確認したりします。

タイムライン

動画を実際に編集するエリアです。取り込んだ動画や音声を「トラック」と呼ばれる帯状の領域に配置して、左から右へと時間の経過に沿って効果を加えるなどの操作を行います。

各ウィンドウの詳細

ライブラリー ウィンドウ / ルーム

ルーム
メディア、プロジェクト、各種効果の一覧や調整画面に切り替えます。

メディアの表示フィルター
動画、画像、音声の各メディアに絞り込みます。

メディアの読み込み
PowerDirector にメディアを読み込みます。

ライブラリー ウィンドウ ビューの切り替え
ライブラリー ウィンドウの コンテンツをリスト状に表示する「詳細ビュー」と、サムネイル状の「アイコン ビュー」に切り替えます。

ライブラリー メニュー
コンテンツの並べ替えや、ライブラリーの書き出し、読み込みを行います。

ライブラリーの検索
テキストボックスにキーワードやファイル名などを入力してコンテンツを絞り込みます。

エクスプローラー ビュー
選択したルームの項目に基づいて分けられたカテゴリーから選べます。またメディアに「タグ」をつけて分類することができます。

ライブラリー ウィンドウ
ルームやメディア、検索結果などに基づいて、該当するコンテンツの一覧を表示します。

プレビュー ウィンドウ

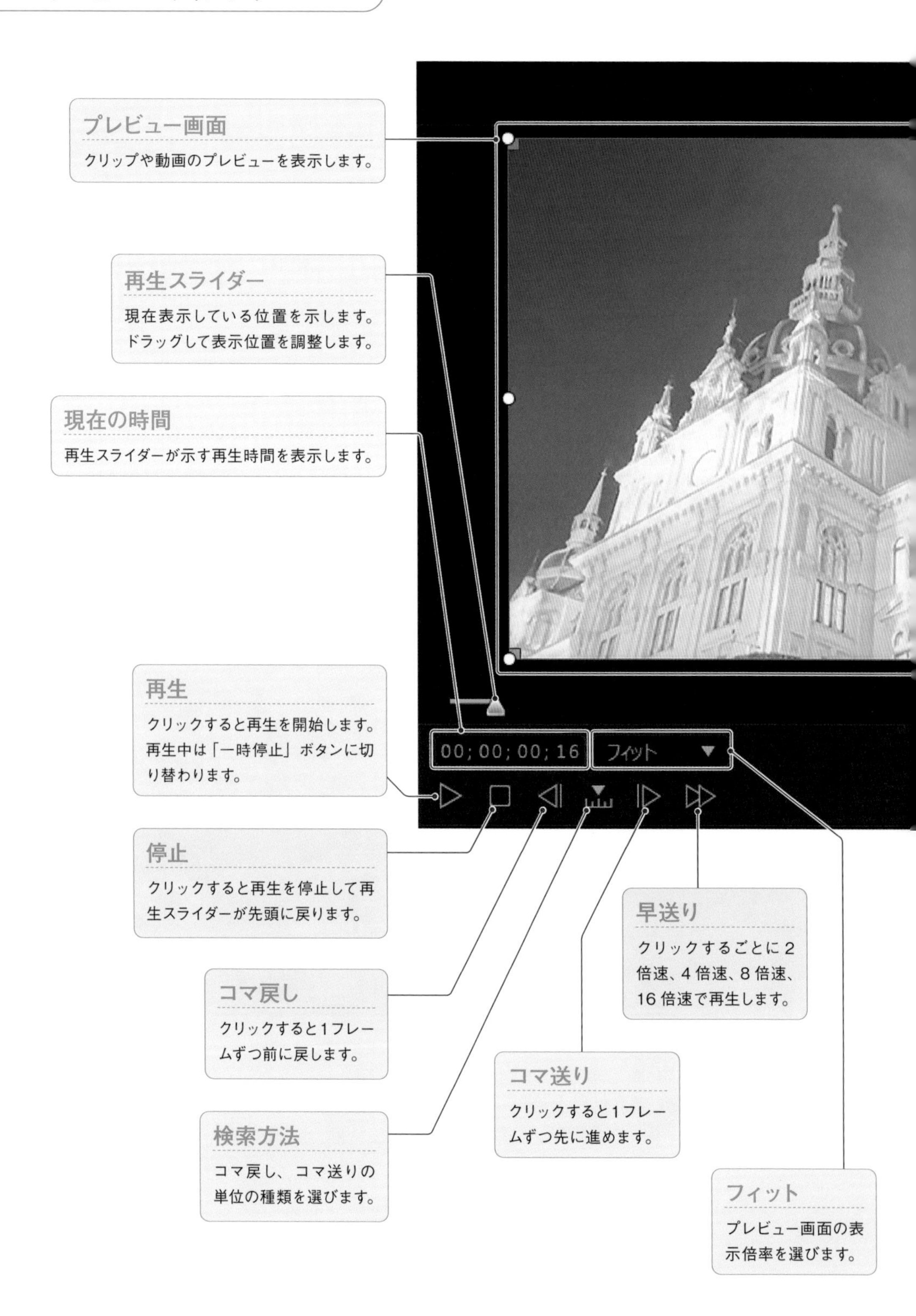

プレビュー画面
クリップや動画のプレビューを表示します。
再生スライダー
現在表示している位置を示します。ドラッグして表示位置を調整します。
現在の時間
再生スライダーが示す再生時間を表示します。
再生
クリックすると再生を開始します。再生中は「一時停止」ボタンに切り替わります。
00;00;00;16
フィット
停止
クリックすると再生を停止して再生スライダーが先頭に戻ります。
早送り
クリックするごとに2倍速、4倍速、8倍速、16倍速で再生します。
コマ戻し
クリックすると1フレームずつ前に戻します。
コマ送り
クリックすると1フレームずつ先に進めます。
検索方法
コマ戻し、コマ送りの単位の種類を選びます。
フィット
プレビュー画面の表示倍率を選びます。

Memo

「表示」メニューから「ライブラリー プレビュー ウィンドウを表示」を選ぶと、ライブラリーとプロジェクトの２つのプレビュー ウィンドウを並べて開けます。

レンダリング プレビュー

動画プレビューをレンダリングして表示します。

プロジェクトの縦横比

プロジェクトの縦横比の種類を変更します。

音量調整

プレビューの音量を調整します。

静止画として保存

表示している画像を画像ファイルとして書き出します。

プレビュー画像 / ディスプレイ オプションの設定

プレビューの画質やプレビュー画像の種類を選びます。

プレビュー ウィンドウの固定解除

プレビュー ウィンドウを分離して表示します。

Memo

より高画質でプレビューを再生するには「プレビュー画質 / ディスプレイ オプションの設定」ボタンをクリックして「プレビュー画質」の項目から上の方の解像度を選びます。また再生速度が遅い時は下の解像度を選びます。

タイムライン

Memo

タイムライン ルーラー スライダーや、タイムライン ルーラーで調整しても、サムネイルの表示サイズが変更されるだけなので、実際の映像や音声の所要時間に影響しません。

補正 / 強調
クリップの明るさや色の補正や、エッジや色による強調効果を加えます。

キーフレーム
補正や強調、色の変化などの開始位置と終了位置を細かく指定します。

その他機能
クリックすると開くリストから編集機能を選びます。

タイムライン ルーラー
タイムラインの時間を表示します。ルーラーを左右にドラッグしてルーラーサイズを変更します。

タイムライン スライダー
現在の再生位置を示します。

Memo

タイムラインは左から右へと時間の経過を表します。また下部のトラックにビデオ クリップを追加すると、下の方の映像が優先されて前面に表示されます。下のビデオ クリップの不透明度を下げて透かせて表示することもできます。

column

今この瞬間を4Kで記録しよう

2018年12月1日に4K放送を開始して以来、家庭用テレビは4K対応へシフトしてきました。フルハイビジョンの4倍もの高精細な映像は、髪の毛1本1本、木の葉の揺らぎなどがはっきりと確認でき、魅了されます。

これに伴いビデオカメラやデジタルカメラ、また、スマートフォンなどでも4K動画を記録できる機種が主流を占めてきています。もちろんPowerDirectorは4Kに対応しています。

4K動画が身近になり、手軽に録画もできるようになりましたが、実はさまざまな問題が存在しています。

たとえば4K動画の形式の問題です。ソニー、パナソニック、アップルなどが独自の4K動画の形式を用いていて、これまでの主流の「MP4」に相当するような4K動画形式がまだ定まっていない状況です。

さらには情報量が膨大な4K動画を編集するための、ハイスペックな環境を整えようとすると、現段階では非常に高額な出費になってしまいます。このような理由から、4K対応のカメラでもフルハイビジョンで記録している方も多いと思います。

ただ、編集できる環境がないからと言って、4Kで記録しないのは非常にもったいないことです。

なぜならば「4K動画からフルハイビジョン」に変換してから編集する事はできますが、今この瞬間の記録を「フルハイビジョンから4K」に変換する事はできないからです。

パソコンのスペックは日々進化し続けていて、それに伴う過去モデルの価格も下がり、近い将来誰でも簡単・手軽に4K動画を編集できるようにはなるのは間違いありません。

そういった時のためにも、今この瞬間を「4K」で積極的に記録しておきましょう。

AVCHD形式で記録した映像

4Kで記録した映像は細かいところまで見える

素材の読み込みとプロジェクトの保存

3-1 動画をパソコンに読み込む

撮影した動画をデジタルビデオカメラやデジタルカメラ、またはスマートフォンからパソコンに読み込みましょう。

パソコンに動画読み込み用のフォルダーを用意する

あらかじめパソコンに動画読み込み用の専用フォルダーを作成しておくと、動画編集の際に PowerDirector に取り込みやすくなるので作業効率が上がります。

ここでは「ビデオ」フォルダーに新たに「動画素材」というフォルダーを作成しておき、ここに動画ファイルを読み込んでいきます。

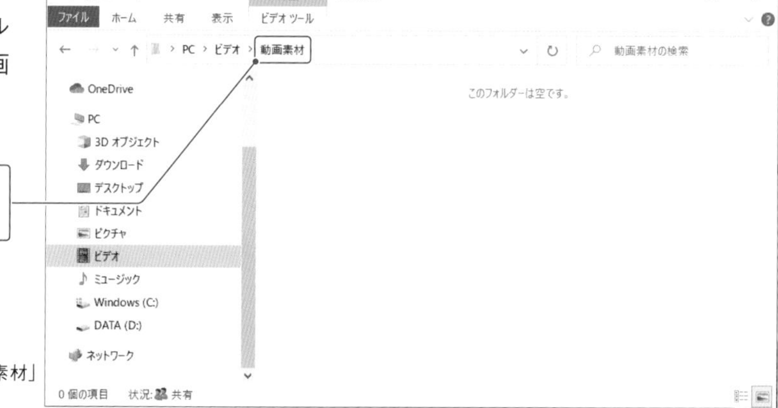

パソコンの「ビデオ」フォルダーに「動画素材」フォルダーを新規作成します。

USB ケーブルでカメラからパソコンに読み込む

ビデオカメラやデジタルカメラから動画ファイルをパソコンに読み込みます。

カメラとパソコンにUSB ケーブルを接続して、カメラの電源を入れます。

パソコン側に「USB ドライブ」と表示されるのでクリックすると開く自動再生画面で、「フォルダーを開いてファイルを表示」を選びます。

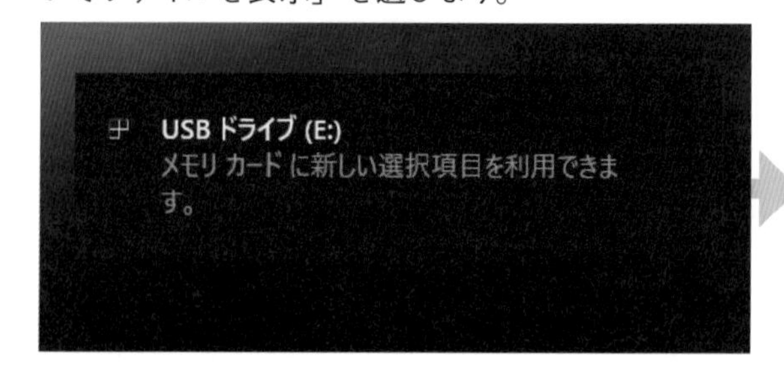

カメラ本体の保存場所やメモリーカードのフォルダーを開き、読み込みたい動画ファイルを選択して、あらかじめパソコンに用意した動画読み込み用のフォルダーにドラッグ&ドロップしてコピーします。

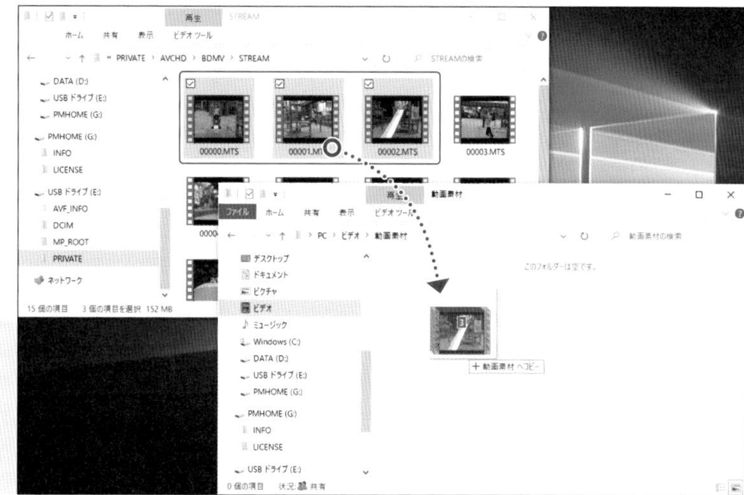

Memo
カメラメーカーにより保存場所が異なる場合があるので、必ずカメラの取扱説明書をご確認ください。

Android からパソコンに読み込む

スマートフォンから動画ファイルをパソコンに読み込みます。

ここでは USB ケーブルを Android とパソコンに接続します。Android 側でロックを解除します。

パソコン側に接続している Android のデバイス名が表示されるのでクリックすると開く自動再生画面で、「デバイスを開いてファイルを表示する」を選びます。

Galaxy Feel

このデバイスに対して行う操作を選んでください。

写真と動画をインポート
Dropbox

デジタル メディア ファイルをこのデバイスに同期させ…
Windows Media Player

Zoner Photo Studio 18
Zoner Photo Studio 18

デバイスを開いてファイルを表示する
エクスプローラー

何もしない

Memo
「自動再生画面」が表示されなくても、直接 Android の写真が保存されているフォルダーを開いて、パソコンの動画保存用のフォルダーにドラッグ&ドロップできます。

パソコンで Android の該当するデバイス名のフォルダーを開き、動画が記録されているフォルダーを開いて、読み込みたい動画ファイルをあらかじめ用意しておいたパソコンの保存用のフォルダーへドラッグ&ドロップしてコピーします。

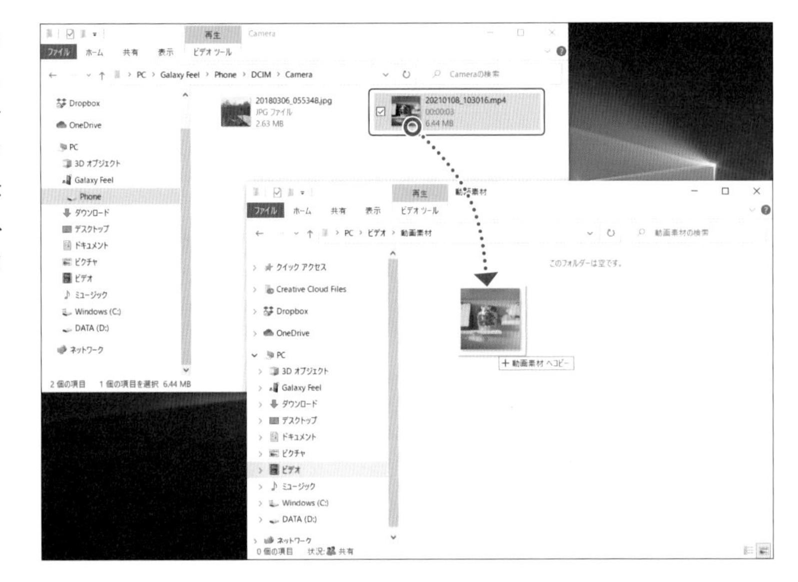

iPhone からパソコンに読み込む

iPhone から動画ファイルをパソコンに読み込みます。

ここではライトニングケーブルで iPhone とパソコンを接続します。iPhone 側でロックを解除します。

Memo
iPhone 側でロックを解除するときに、接続したパソコンを信頼するかどうか表示された場合は「信頼する」をタップします。

パソコン側に「Apple iPhone」と表示されるのでクリックすると開く自動再生画面で、「デバイスを開いてファイルを表示する」を選びます。

Memo

「自動再生画面」が表示されなくても、直接 Apple iPhone の写真保存用のフォルダーを開いて、パソコンの動画保存用のフォルダーにドラッグ&ドロップできます。

パソコンのエクスプローラーで「Apple iPhone」をクリックして開き、動画が記録されているフォルダーを開いて、目的の動画や画像ファイルを選び、あらかじめ用意しておいたパソコンの保存用のフォルダーへドラッグ&ドロップしてコピーします。

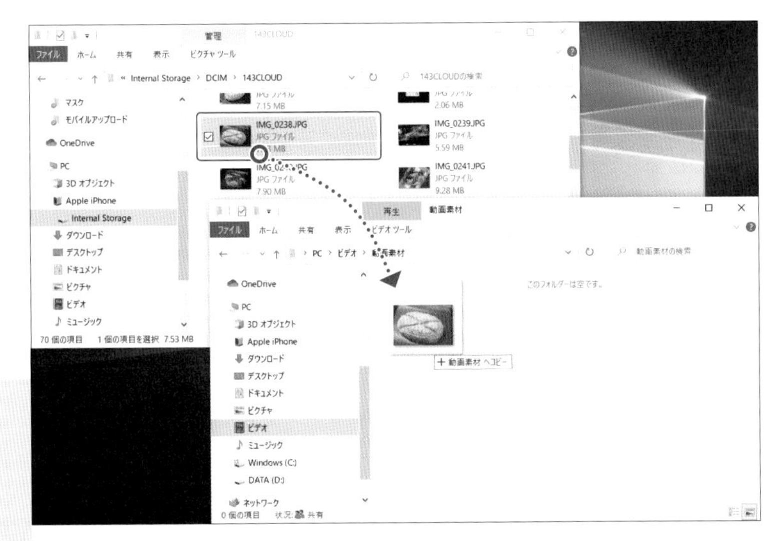

Memo

DVD ディスクからの取り込みや Web カメラの映像を取り込むには、PowerDirector の「ファイル」メニューから「取り込み」を選びます。続いて「取り込み」の画面が開くので、取り込む方法を選んで「録画」ボタンをクリックして取り込みを開始します。

3-2 PowerDirectorに動画を取り込む

パソコンに読み込んだ動画ファイルを、PowerDirector の「メディア ルーム」に取り込んで、動画編集に臨みましょう。

パソコンの動画ファイルをメディア ルームに取り込む

PowerDirector で動画編集をするために、編集したい動画ファイルを「メディア ルーム」に取り込みます。ここではパソコンにあらかじめ読み込んだ動画ファイルを取り込みます。

「メディアの読み込み」ボタンをクリックして、「メディア ファイルの読み込み」を選びます。

エクスプローラーが開きます。編集したい動画ファイルを選択して、「開く」をクリックします。

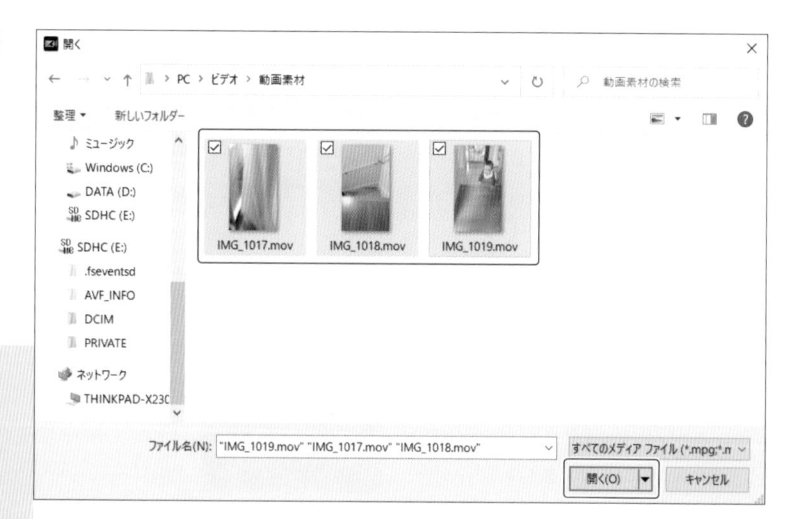

Memo

「メディア フォルダーの読み込み」でパソコンのフォルダーに保存されている動画や音楽や画像を一括で取り込むことができます。また PowerDirector のファイルメニューの「読み込み」から「ファイルを選択」を選んで、目的のメディアファイルを選ぶこともできます。

「メディア ルーム」に動画ファイルがクリップとして取り込まれました。

Memo

「メディア ルーム」にエクスプローラーから動画ファイルをドラッグ&ドロップして読み込むこともできます。

Memo

「動画のみ」ボタンをクリックすると、動画ファイルのみの一覧表示に絞り込めます。

❶すべて表示
❷動画のみ
❸画像のみ
❹音声のみ

3-3 プロジェクトを保存する

PowerDirector を開き、動画ファイルを取り込んだら、編集をする前でもプロジェクトに名前をつけて保存をしておきましょう。いったん終了しても次回の起動時に取り込んだコンテンツを使って編集を続けられます。

プロジェクトに名前を付けて保存する

現在開いているプロジェクトを保存するには、「ファイル」メニューから「プロジェクトに名前を付けて保存」を選びます。

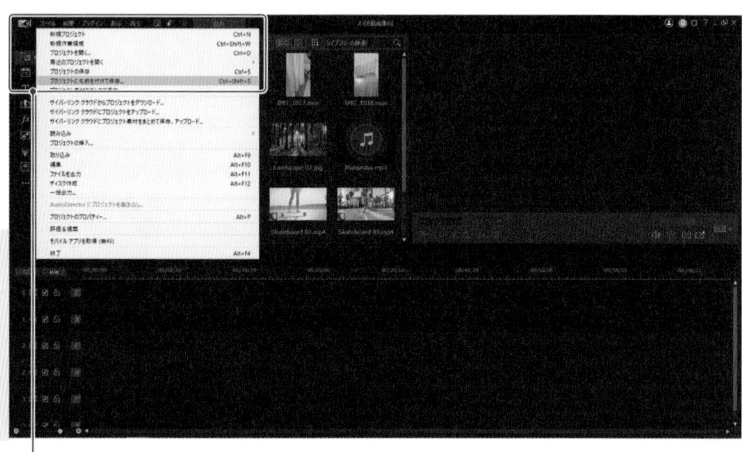

Memo

「プロジェクト」とは PowerDirector で編集した内容を記録しているファイルです。保存しておくことで次回も同じ状態から編集を開始できます。

エクスプローラーが開くので、プロジェクトを保存するフォルダーを選び、「ファイル名」にプロジェクトの名前を入力して「保存」をクリックします。

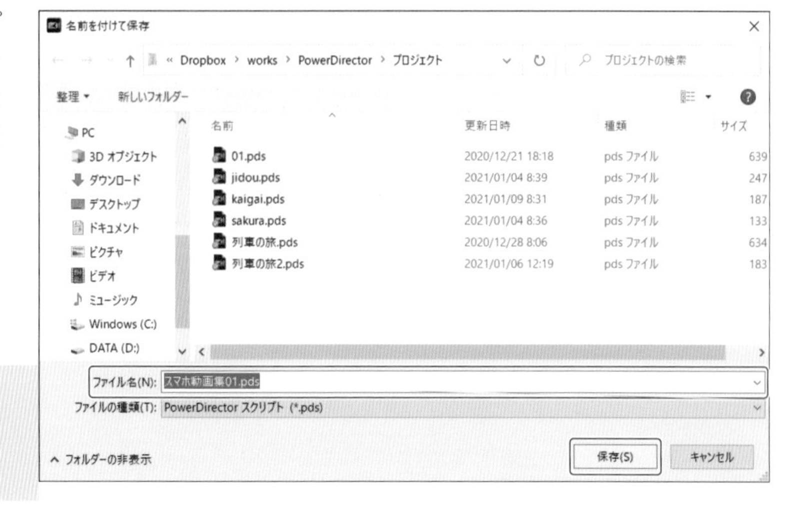

Memo

プロジェクトファイルの拡張子は「*.pds」です。

3-4 プロジェクトを開いて編集を続ける

保存したプロジェクトを開いて、前回の状態から編集を続けましょう。

プロジェクトを開く

プロジェクトファイルを開くには、「ファイル」メニューから「プロジェクトを開く」を選びます。

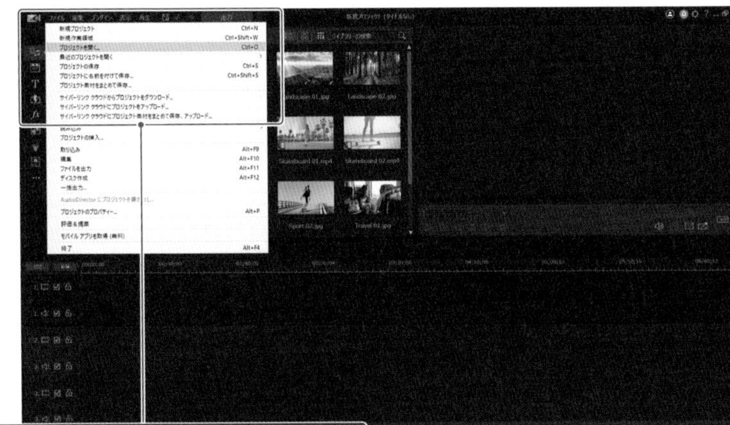

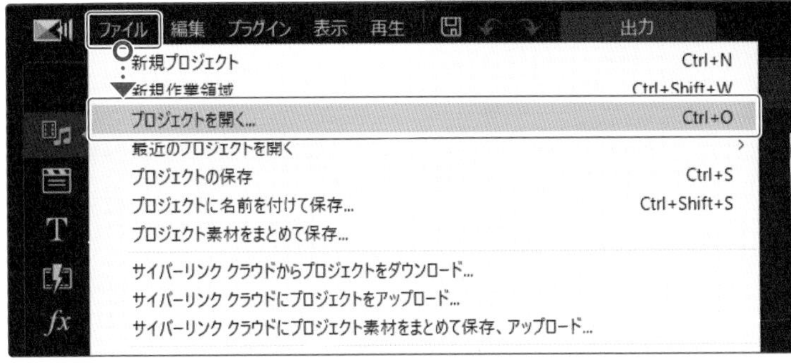

エクスプローラーで開きたいプロジェクトファイルを選択して、「開く」をクリックします。

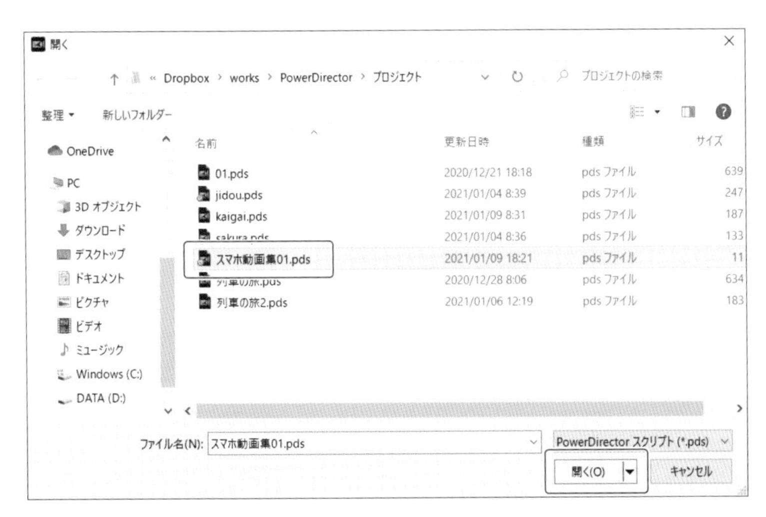

ダイアログボックスが開くので現在のメディア ライブラリーに表示されているコンテンツに、開きたいプロジェクトのコンテンツも追加したい場合は「はい」を、開きたいプロジェクトのコンテンツのみ表示させたいときには「いいえ」を選びます。ここでは「はい」を選んでいます。

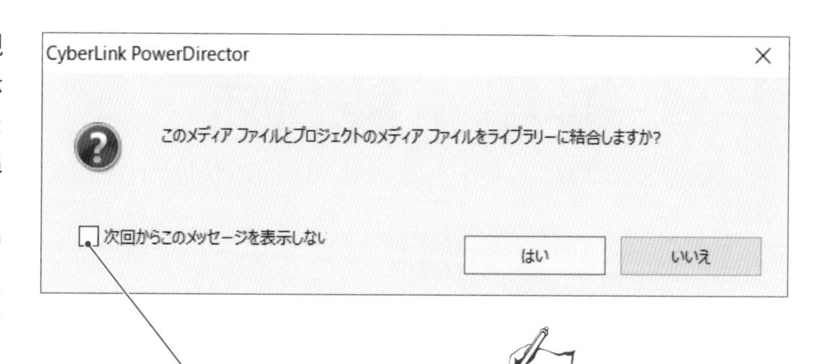

Memo
「次回からこのメッセージを表示しない」にチェックを入れると次から表示されなくなります。

Memo
プロジェクトのアイコンをダブルクリックで開くこともできます。

保存していたプロジェクトが開きました。

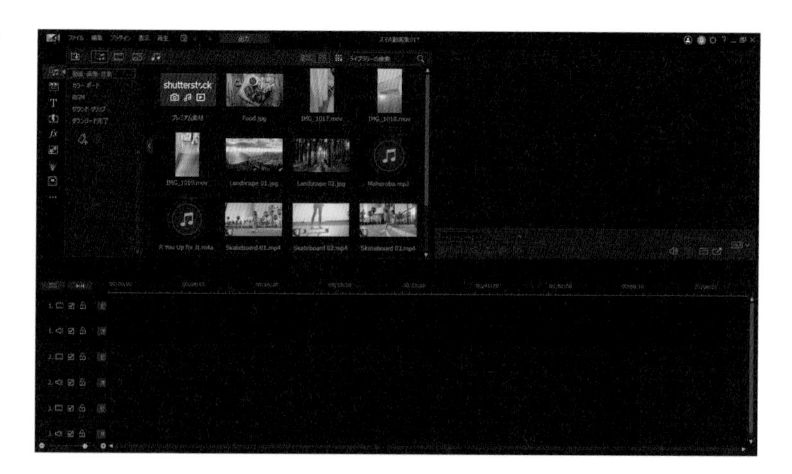

ビデオ クリップの基本的な編集

4-1 読み込んだビデオ クリップを確認する

動画編集はメディア ライブラリーに読み込んだビデオ クリップなどのコンテンツを選ぶところから始まります。まずはライブラリー ウィンドウから目的のビデオ クリップを選んで、再生して確認しましょう。

ライブラリー ウィンドウでビデオ クリップを選ぶ

ライブラリー ウィンドウには、PowerDirector に読み込まれたさまざまなメディアのコンテンツを表示します。初期設定では「すべて」が選ばれているため、動画だけでなく画像、音楽などのメディアも含まれています。

動画クリップのみを表示に絞り込むには「動画のみ」をクリックします。

動画クリップのみに表示が絞り込まれました。

Memo

ビデオ クリップのサムネイルの左下には、これが動画であることを示す緑色のアイコンが表示されています。

確認または編集した動画クリップのサムネイルをクリックします。プレビュー ウィンドウに該当する動画が表示されます。

ビデオ クリップを再生して見る

ライブラリー ウィンドウで選んだビデオ クリップを、プレビュー ウィンドウで再生して確認しましょう。

再生したいビデオ クリップを選択して、「再生」ボタンをクリックします。

再生を開始します。「再生」ボタンがそのまま「一時停止」ボタンに切り変わります。いったん停止したいときにはクリックします。

Memo

「停止」ボタンをクリックすると、動画クリップの開始位置に戻って停止します。

4-2 ビデオ クリップを タイムラインに追加する

ビデオ クリップをタイムラインに追加しましょう。これによりビデオ クリップにさまざまな編集ができるようになります。

プロジェクトの縦横比を確認する

ビデオ クリップをタイムラインに挿入する前に、プロジェクトの縦横比を確認しておきましょう。

プレビュー ウィンドウの右下にある「プロジェクトの縦横比」ボタンをクリックして、一覧からここでは一般的な横長の縦横比の「16:9」を選びます。

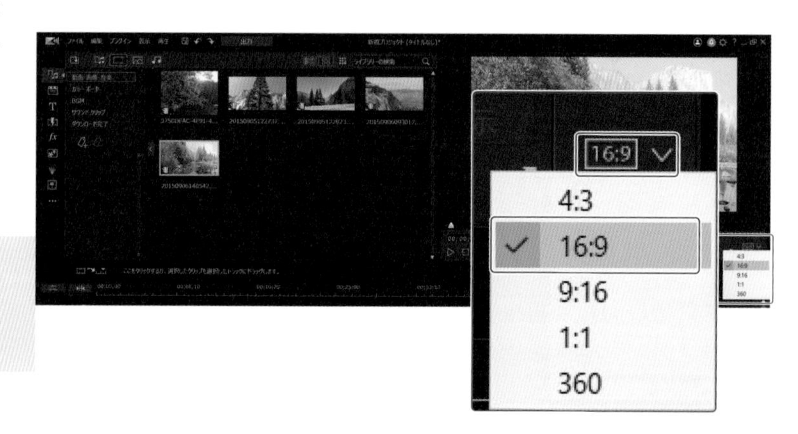

Memo

「縦横比」はあとから変更できます。(→ P.62)

ビデオ クリップをタイムラインに挿入する

目的のビデオ クリップのサムネイルを、タイムラインのビデオ トラックの左端にドラッグ&ドロップして挿入します。

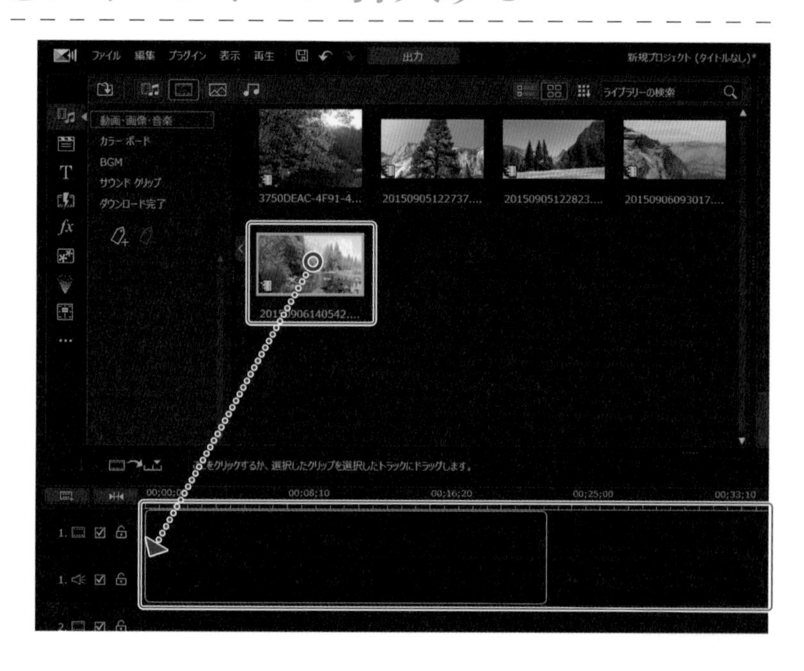

ムービーの開始位置に、ビデオ クリップの開始位置が合った状態で配置されました。

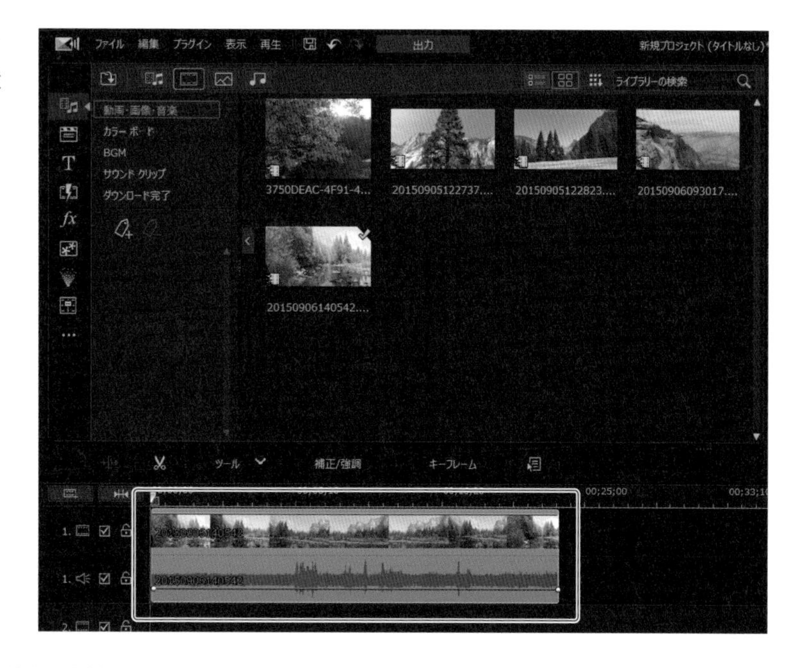

Memo

プロジェクトの縦横比とビデオ クリップの縦横比が異なっている場合は、「縦横比が一致しません」と表示されます。ビデオ クリップに合わせてプロジェクトの縦横比を変更する場合は「OK」をクリックします。また「16:9」などあらかじめ設定したプロジェクトの縦横比で編集を続けるには「いいえ」をクリックします。ただし画面の周りに隙間（黒い背景）ができるため、ビデオ クリップを拡大して隙間を埋めるなどの編集が必要になります。

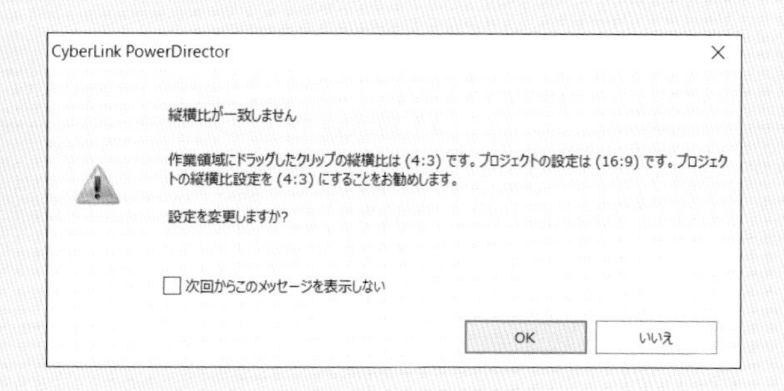

Memo

タイムラインに挿入したクリップの右上にはチェックマークが付きます。

タイムラインのルーラーサイズを変更する

タイムラインに挿入したクリップがどのような状態なのかを確認したり、編集をしやすいように、タイムライン ルーラーのサイズを変更しましょう。

ルーラーを右にドラッグすると、サイズが拡張されます。表示サイズが拡大するだけなので、再生時間が長くなるということはありません。

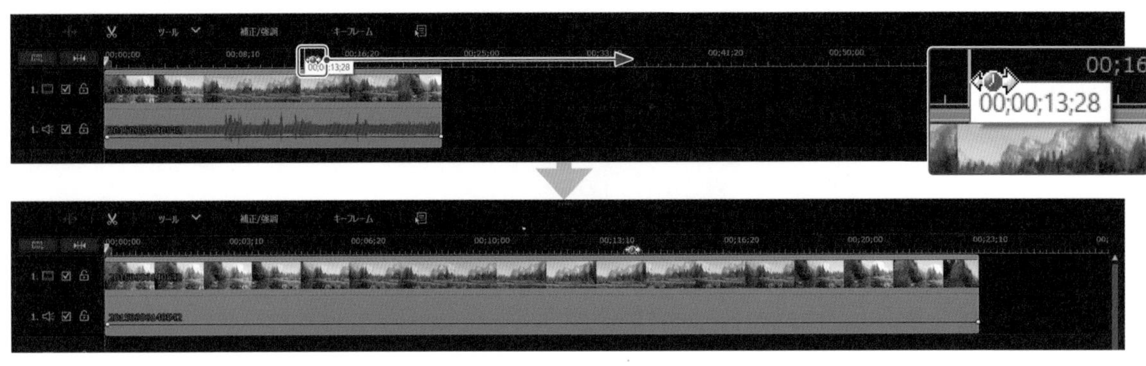

逆にルーラーを左にドラッグすると、表示サイズが縮小します。

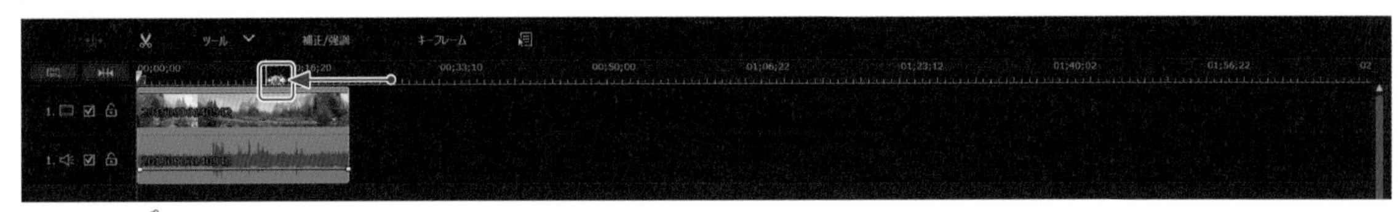

Memo

タイムライン ルーラー スライダーを左右にドラッグして、サイズを変更できます。

Memo

「ムービー全体の表示」ボタンをクリックすると、現在のプロジェクト全体が表示されるサイズに切り替わります。

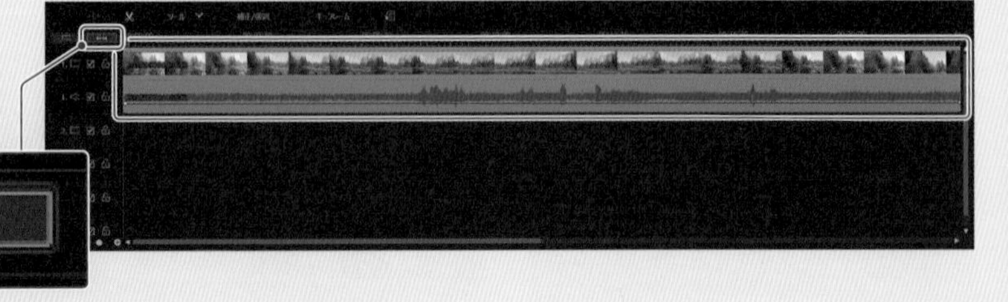

4-3 ビデオ クリップを編集する

タイムラインに挿入したら、ビデオ クリップの長さの調整をしたり、分割、複製、削除するなど、頻繁に使う動画編集の基本的な操作をおぼえましょう。

ビデオ クリップをトリミングする

ビデオ クリップを再生して見たときに、開始直前に手ぶれを起こしていたり、不要なものが映っていたり、無駄に長すぎるクリップなどは、前後を切り落として必要な箇所のみ残すトリミングをしましょう。

トリミングをしたいビデオ クリップをクリックして選択した状態で、「トリミング」ボタンをクリックします。

「トリミング」画面が開き、初期設定では「シングル トリミング」タブが開いています。ここでクリップの開始位置と終了位置を設定します。

Memo

「マルチ トリミング」では一つのクリップの中に複数の「開始位置」と「終了位置」を同時に設定できます。

開始位置を設定する

「再生」ボタンをクリックして再生を開始するか、または「再生スライダー」をドラッグして、新たな開始位置で停止します。

「開始位置」ボタンをクリックして現在の再生スライダーの位置に設定するか、または「開始位置スライダー」を開始したい位置に設定します。

終了位置を設定する

「再生」ボタンをクリックして再生を開始するか、または「再生スライダー」をドラッグして、新たな終了位置で停止します。

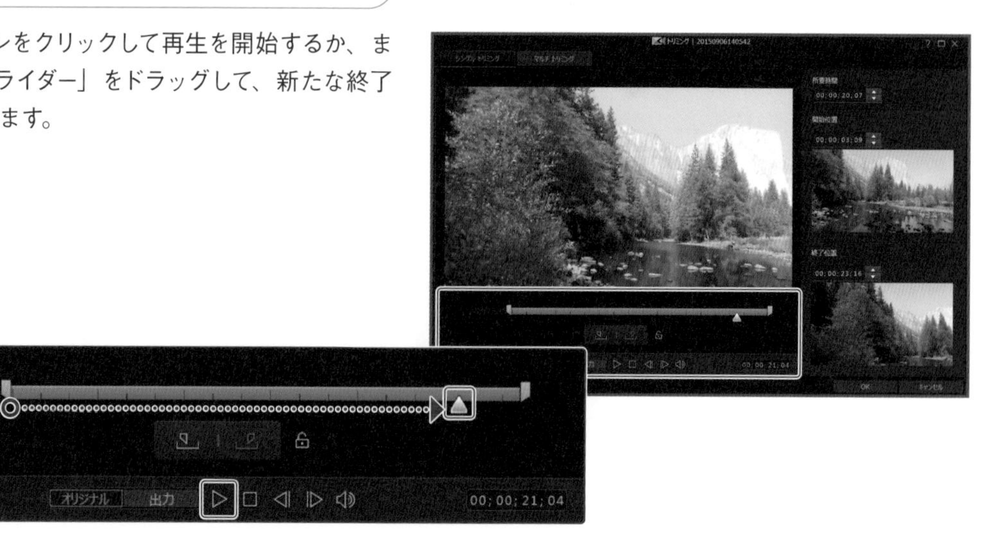

「終了位置」ボタンをクリックして現在の再生スライダーの位置に設定するか、または「終了位置スライダー」を終了したい位置に設定します。

「終了位置」ボタン　終了位置スライダー

トリミング後を再生して確認をする

トリミングしたビデオ クリップを再生して確認します。「出力」ボタンをクリックして「再生」ボタンをクリックします。

Memo

トリミングする前の元のビデオ クリップを再生するには「オリジナル」に切り替えます。

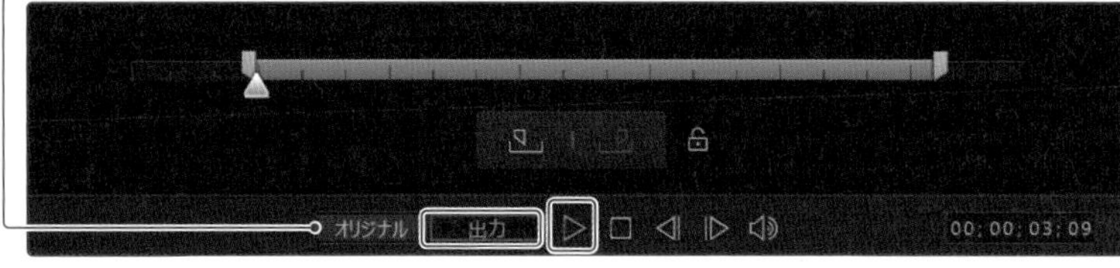

「OK」ボタンをクリックして「トリミング」画面を閉じます。

Memo

トリミングしたからといって、元のビデオ クリップが切り取られた状態で上書き保存されることはありません。再度「トリミング」画面を開いて元の状態に戻せます。

ビデオ クリップの分割

1 つのビデオ クリップを 2 つのビデオ クリップに分けることができます。シーンの切り替え効果を挿入したい時などに利用します。

分割したい位置にタイムラインスライダーをドラッグします。

分割したいビデオ クリップを選択した状態で、タイムラインの「選択したクリップを分割」ボタンをクリックします。

ビデオ クリップが 2 つに分かれました。

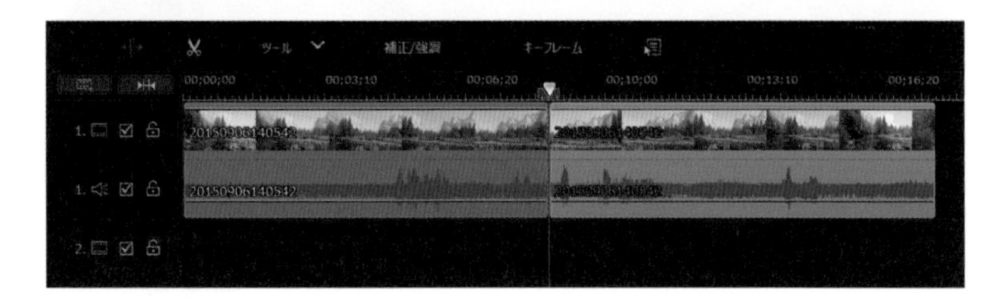

Memo

分割したビデオ クリップを再度つなぎ合わせるには、双方のビデオ クリップを選択した状態で、ビデオクリップを右クリックして「結合」を選びます。

ビデオ クリップの削除

不要なビデオ クリップをタイムラインから削除します。

削除したいビデオ クリップを選択した状態で、右クリックをして「削除」を選びます。または「Delete」キーを押します。

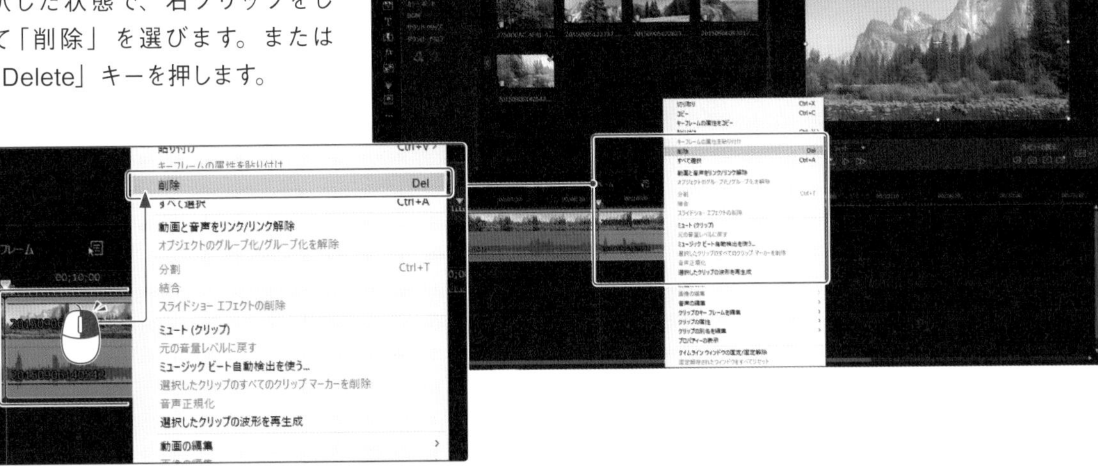

前項「ビデオ クリップの分割」で分割した後半のビデオ クリップが削除されました。

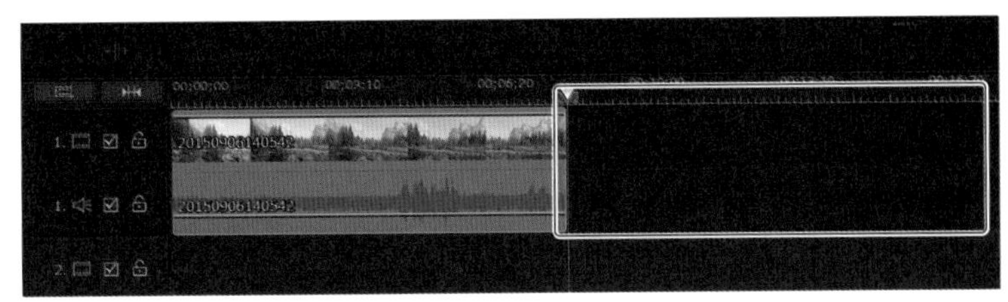

Memo

この場合の削除はタイムラインのみからの削除であり、ライブラリーにあるファイルやパソコン内の元のファイルがなくなることはありません。

4-4 ビデオ クリップの追加と入れ替え

タイムラインに他のビデオ クリップを追加してつなげたり、クリップの順を入れ替えるなど、複数のビデオ クリップからなるプロジェクトを作りましょう。

ビデオ クリップを追加する

タイムラインに複数のビデオ クリップを配置します。追加する位置によって、現在の他のビデオ クリップに上書きするかどうか、または追加にともなって後ろに移動させるかどうかを選択する必要があります。

現在のビデオ クリップの後に追加する

他のビデオ クリップを追加したいトラックに、追加したいビデオ クリップをドラッグ&ドロップします。

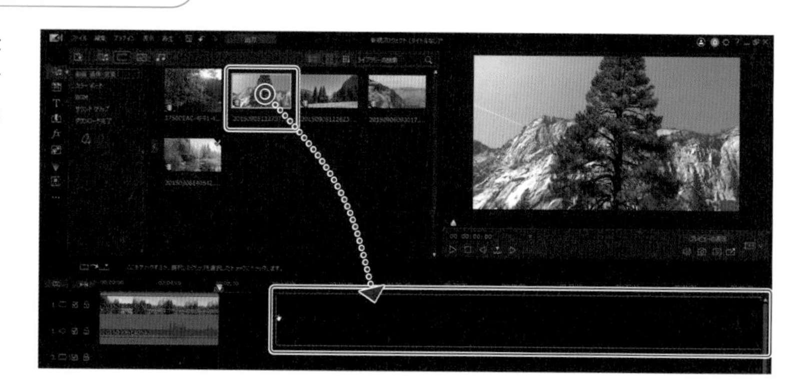

追加したビデオ クリップを、左のビデオ クリップの右端に向けてドラッグします。ビデオ クリップ同士が接する端に、縦の青い線が表示されたところで、マウスボタンを離します。

ビデオ クリップが追加されました。

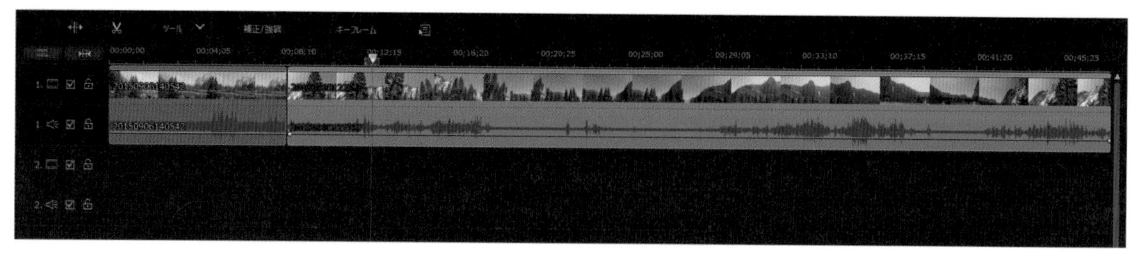

現在のビデオ クリップの前に追加する

これから追加するビデオ クリップの次のビデオ クリップを選択して、「停止」ボタンをクリックして再生スライダーを開始位置に戻しておきます。

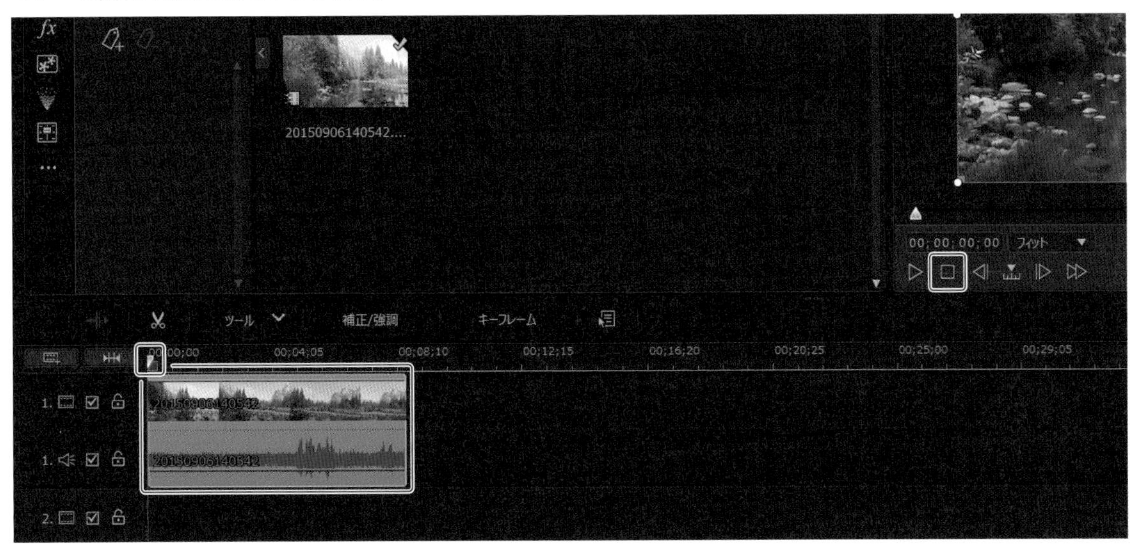

ライブラリー ウィンドウで追加したいビデオ クリップのサムネイルを選択して、「選択したトラックに挿入」ボタンをクリックします。「挿入」を選びます。

ビデオ クリップが追加されました。

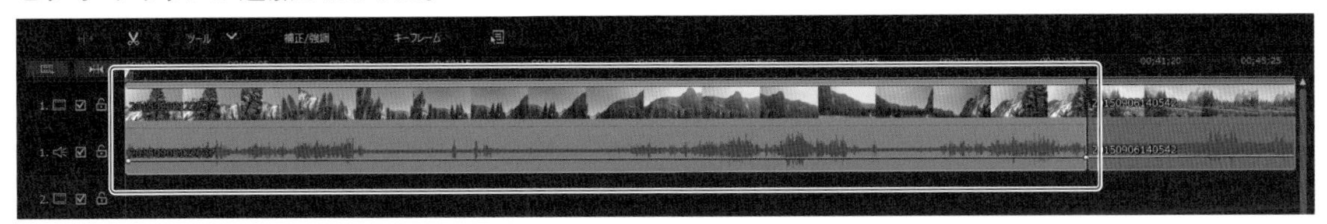

ビデオ クリップの途中に挿入する

ビデオ クリップの途中に、他のビデオ クリップをドラッグして挿入します。

挿入先のビデオ クリップまたはトラックを選択した状態で、挿入したい位置にタイムライン スライダーをドラッグして配置しておきます。

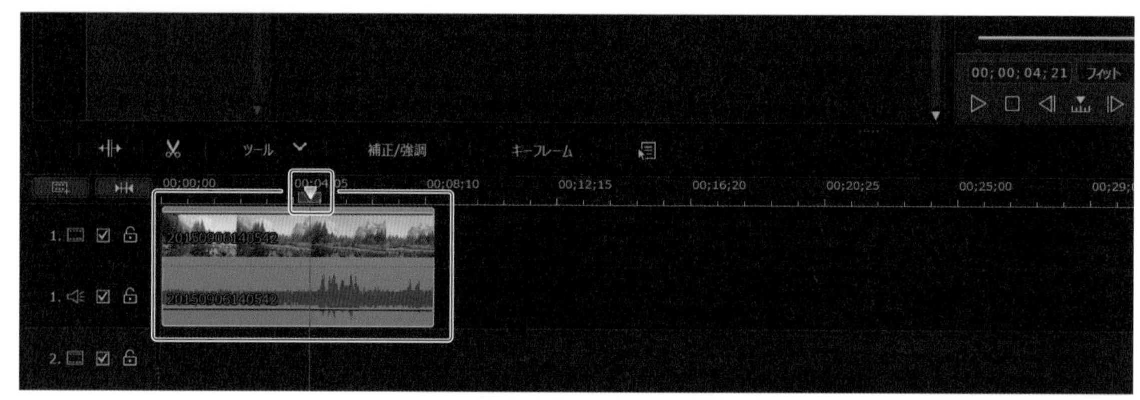

挿入したいビデオ クリップを選択して、「選択したトラックに挿入」ボタンをクリックしたときに開く次の5つの方法からいずれかを選びます。

・上書き

新しいビデオ クリップを、トラックにすでに配置しているビデオ クリップに重ねて上書きします。

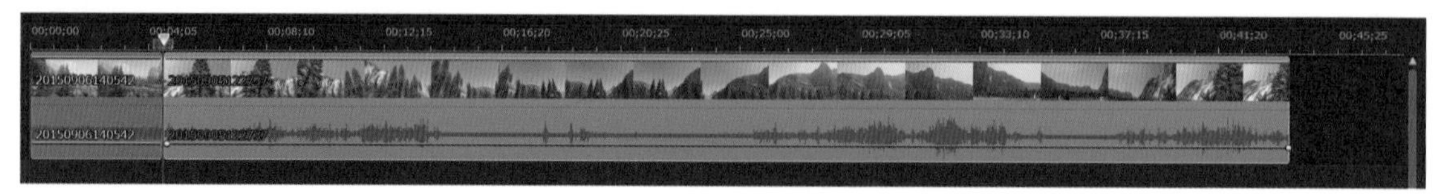

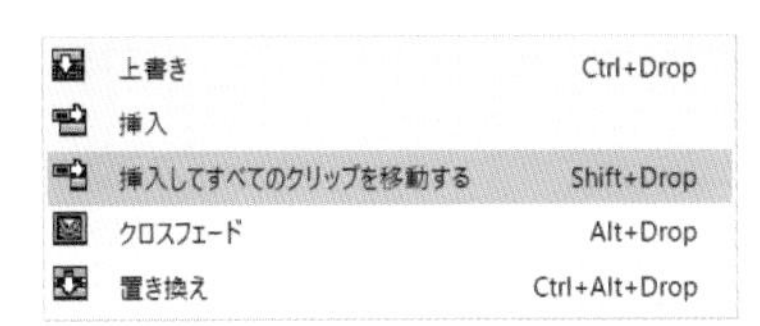

・挿入

同じトラックにすでに配置しているビデオ クリップを分割して、新しいビデオ クリップを挿入します。分割された既存の同じトラックのビデオ クリップは後の方に移動します。

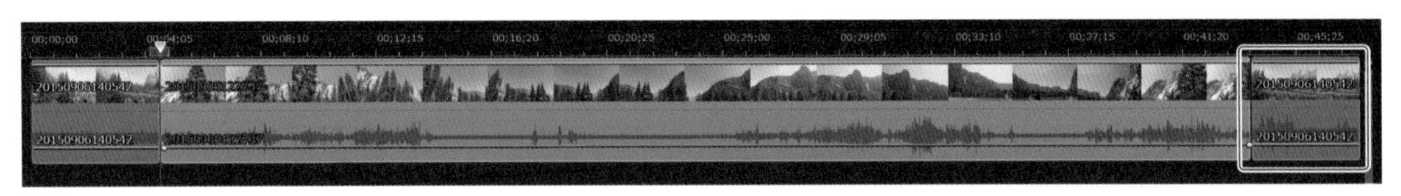

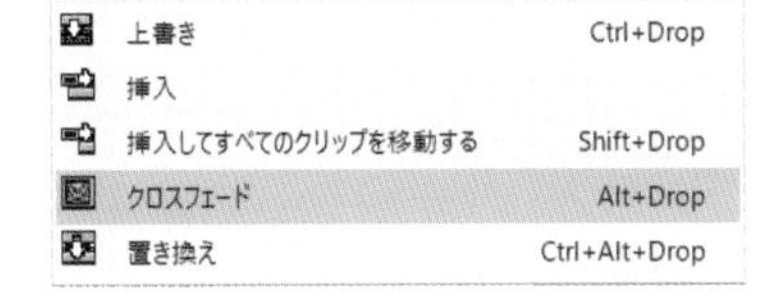

・挿入してすべてのクリップを移動する

同じトラックにすでに配置しているビデオ クリップを分割して、新しいビデオ クリップを挿入します。その際に分割された既存の同じトラックのビデオ クリップと、挿入するクリップの後（右側）に配置されているすべてのメディア クリップを後の方に移動します。

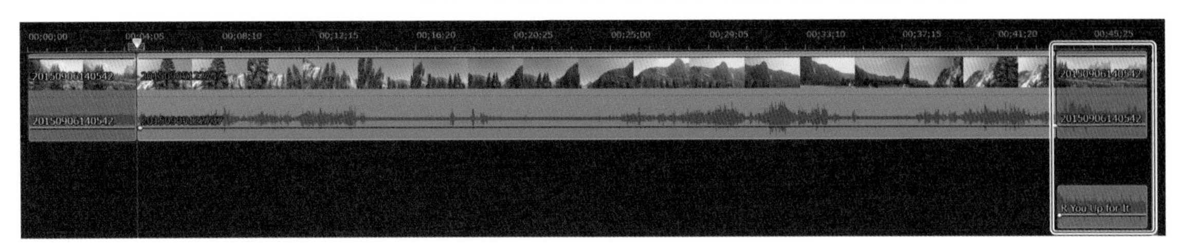

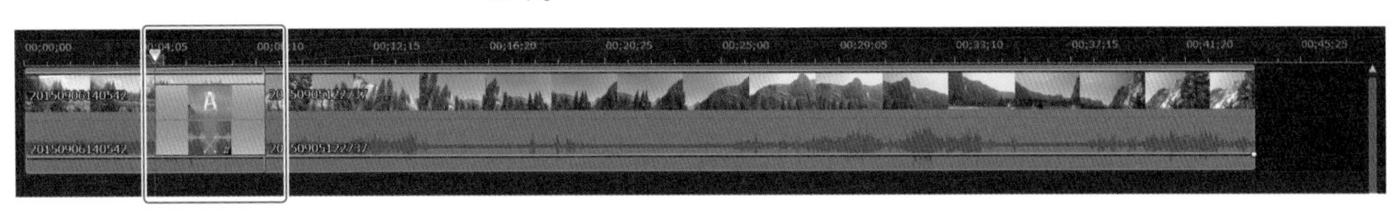

・クロスフェード

同じトラックにすでに配置しているビデオ クリップを分割して、新しいビデオ クリップを挿入します。その際に挿入したビデオ クリップと、その前のビデオ クリップとの間に、自動的に切り替え効果が追加されます。

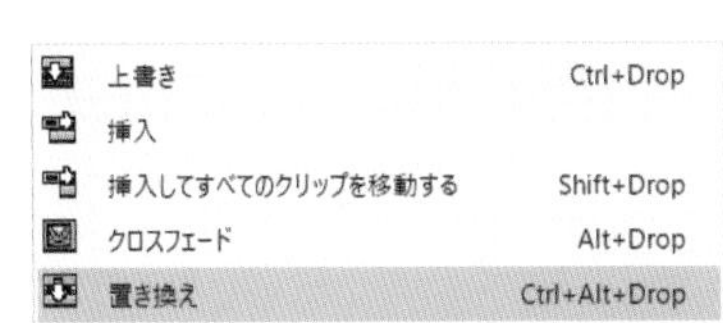

・置き換え

同じトラックにすでに配置しているビデオ クリップを新しいビデオ クリップに置き換えます。その際に双方のビデオ クリップの所要時間の短い方の長さに合わせてトリミングされます。

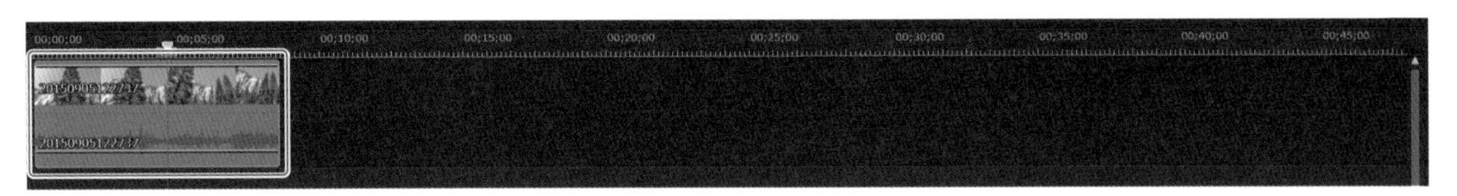

ビデオ クリップの順の入れ替え

ビデオ トラックに配置されている複数のビデオ クリップの再生する順を変更したいときには、ビデオ トラック上で簡単に入れ替えられます。

順を変更したい後ろ側（右側）にあるビデオ クリップを選択します。

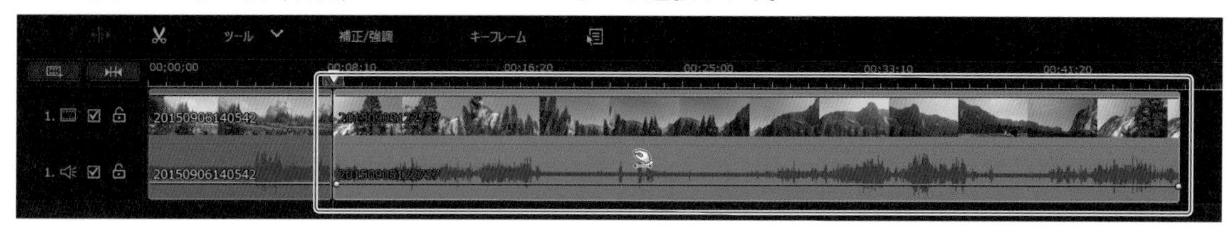

入れ替えたいビデオ クリップの先頭にドラッグします。

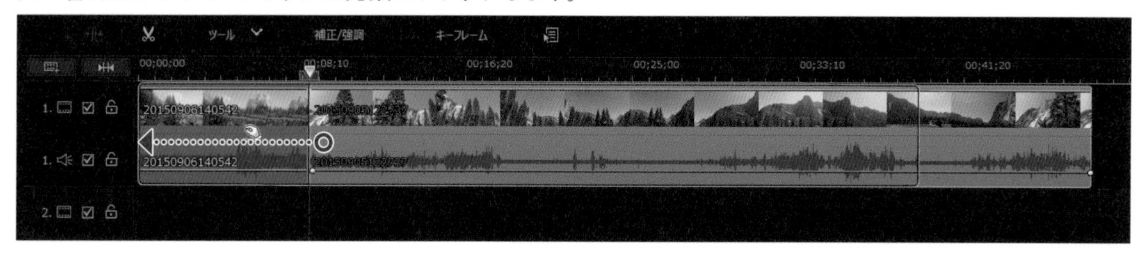

表示される項目から、前項の「ビデオ クリップの途中に挿入する」と同様に、目的にあった方法を選びます。ここでは「挿入」を選びます。

ドラッグしたビデオ クリップが移動します。これにより前にあったビデオ クリップが右に移動します。

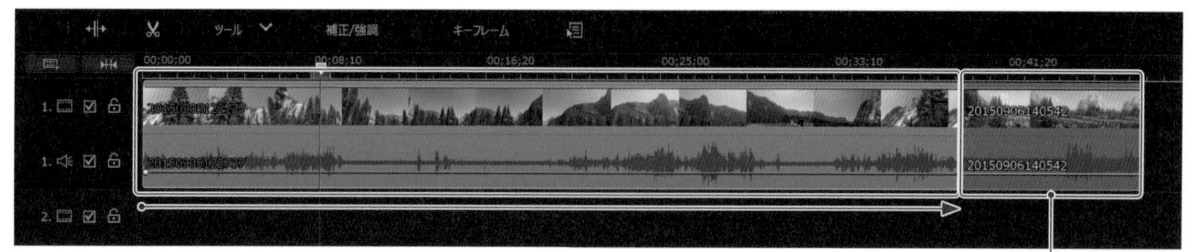

前にあったクリップが移動

ビデオ クリップの複製

同じクリップを貼り付けて繰り返し利用したいときには、ビデオ クリップを複製しましょう。ここでは、コピーしたビデオ クリップの前に同じクリップを複製して挿入します。

複製したいビデオ クリップを選択した状態で、❶「停止」ボタンをクリックして、❷「再生スライダー」を開始位置に戻しておきます。❸「その他機能」ボタンをクリックします。

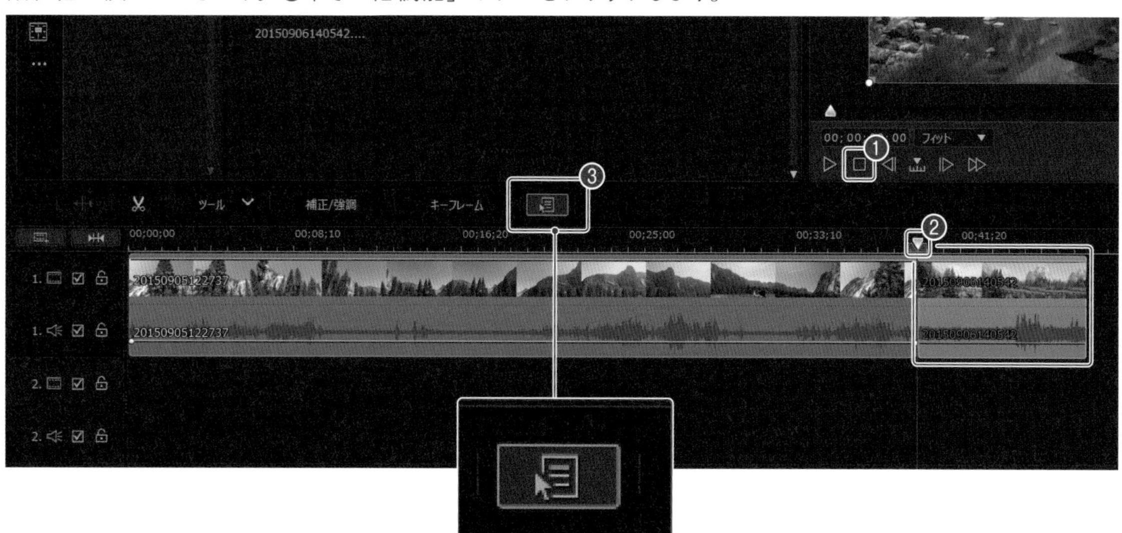

「コピー」を選びます。

続けて「その他機能」ボタンをクリックして「貼り付け」を選びます。前項の「ビデオ クリップの途中に挿入する」と同様に、目的にあった方法を選びます。ここでは「貼り付けて挿入する」を選びます。

コピーしたビデオ クリップが複製されました。

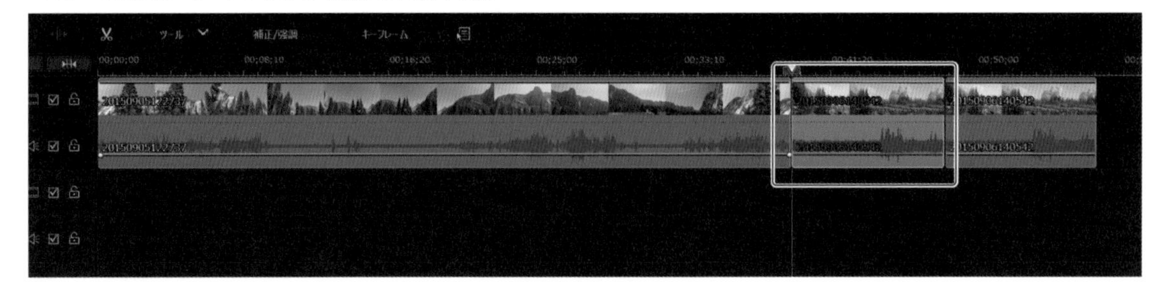

Memo

複製したいビデオ クリップを右クリックして「コピー」や「貼り付け」を選べます。またショートカットキーの「Ctrl + C」(Mac では「command+C」)でコピーして、「Ctrl + V」(Mac では「command+V」)で貼り付けられます。

Memo

コピーしたビデオ クリップは好きな位置に挿入や上書きして貼り付けることができます。「貼り付け」の項目で「貼り付けて上書きする」を選ぶと、現在の位置にコピーしたクリップを重ねて貼り付けます。「貼り付けて挿入する」を選ぶと、現在の位置にコピーしたクリップが挿入され、その後のクリップはそのまま後ろに移動します。「貼り付け、挿入して、すべてのクリップを移動する」を選ぶと、現在の位置にコピーしたクリップが挿入されて、他のトラックのクリップも後ろに移動します。

4-5 編集した動画をスムーズに再生して確認しよう

タイムラインにビデオ クリップを配置して編集をした結果の動画全体を、プレビューでレンダリングして確認しましょう。レンダリングに時間がかかることがありますが、その後はスムーズに再生して見ることができます。

プレビューのレンダリングをする

動画プレビューのレンダリングを行います。タイムライン スライダーをタイムラインの左端に配置します。

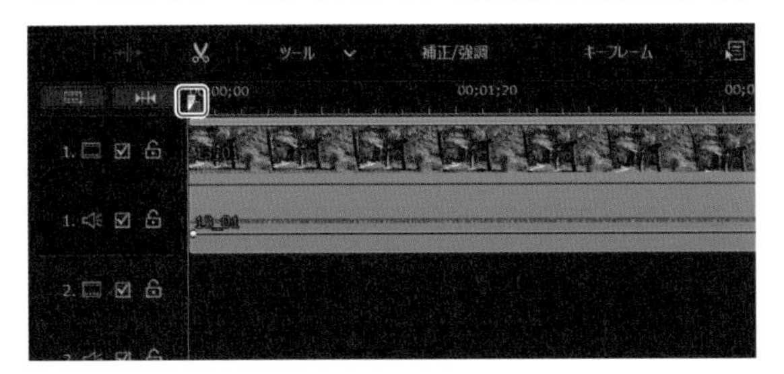

「プレビュー ウィンドウ」の「レンダリングプレビュー」ボタンをクリックします。

「レンダリングプレビュー」ダイアログボックスが開き、レンダリングが開始します。

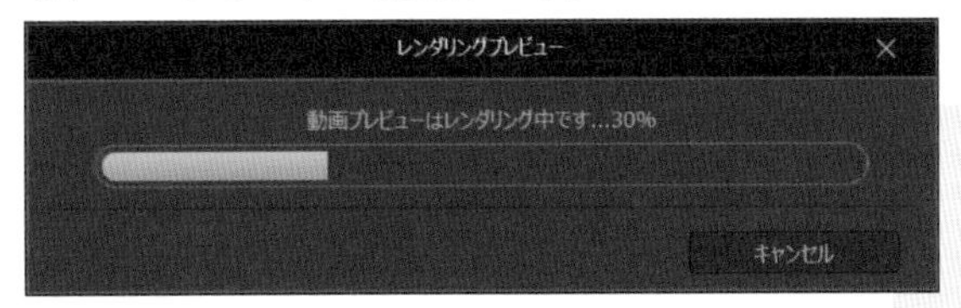

Memo
動画が長い場合はレンダリングに時間がかかります。

レンダリングが終了すると、タイムライン ルーラーに黄緑色の帯状のマークが付きます。

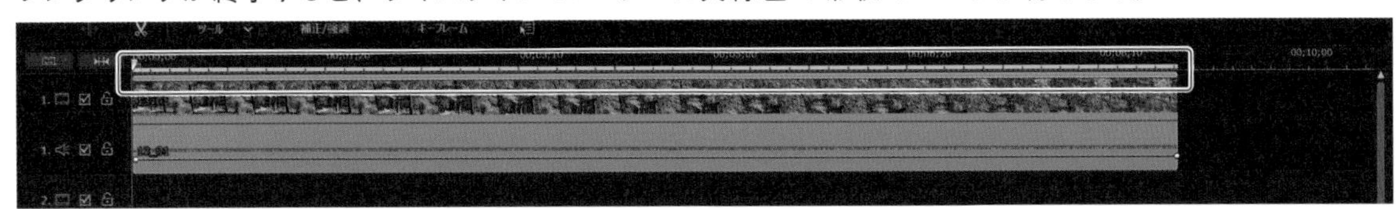

「再生」ボタンをクリックして、プロジェクト全体のプレビューを確認します。

Memo
レンダリングとは編集した映像のデータを圧縮して、スムーズに再生できるようにするための処理のことです。

column

プロジェクトの縦横比を変更するには?

プロジェクトの縦横比は簡単に変更することができます。
プレビュー ウィンドウの右下にある「縦横比」ボタン（→ P.46）をクリックして、目的の比率を選びます。

ハイビジョンや4K テレビなどで見る場合の一般的な縦横比としては横長の「16:9」ですが、スマートフォンなど縦長の画面で見るのであれば、「9:16」を選びます。
Instagram のような正方形にする場合は「1:1」を選びます。
360° カメラで撮影した動画や 360° のコンテンツを編集する場合は、「360°」を選びます。

4:3

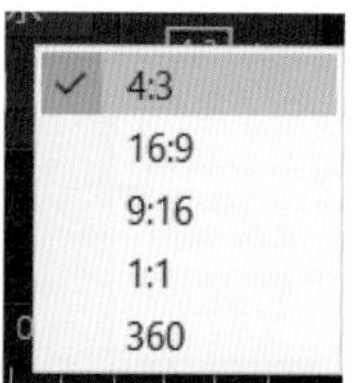

16:9

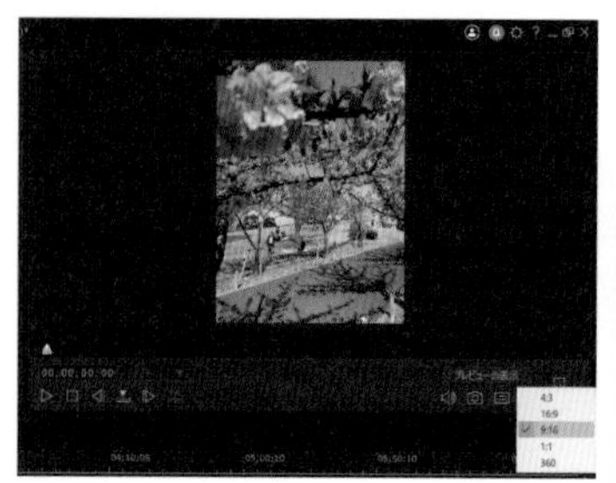

9:16

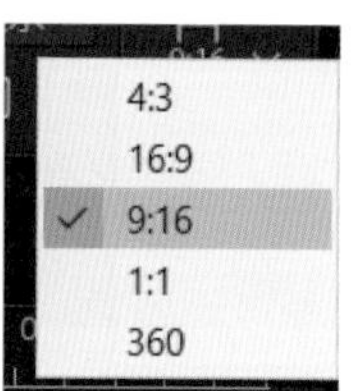

1:1

4:3
16:9
9:16
1:1
360

360°

4:3
16:9
9:16
1:1
360

動画に効果をつける

5

5-1 動画に効果をつける

タイムラインのビデオ クリップに効果をつけてみましょう。見た目にインパクトを与える効果や、動きのある効果、タイトル、エンドロールを加えて作品に仕上げます。

基本的な効果の種類

ビデオ クリップに加える効果は、主に「ルーム」から選びます。ルームから選べる映像効果の種類は次のようなものがあります。

タイトル

タイトルやキャプション、エンドロールのクレジットなどを、テキストで入力するだけで動きのある効果を加えられるテンプレートを選べます。

トランジション

ビデオ クリップと次のビデオ クリップとの間に、映像を切り替えるためのさまざまな効果を選べます。

エフェクト

映像の色や質感を変化させるさまざまな効果を選べます。

オーバーレイ
(ピクチャー イン ピクチャー
オブジェクト)

ビデオ クリップの映像に重ねることができる、「PiP オブジェクト」を選べます。「PiP」とは「ピクチャー イン ピクチャー」の略で、PowerDirector では一つの画面上で複数の映像を同時に表示させる機能です。

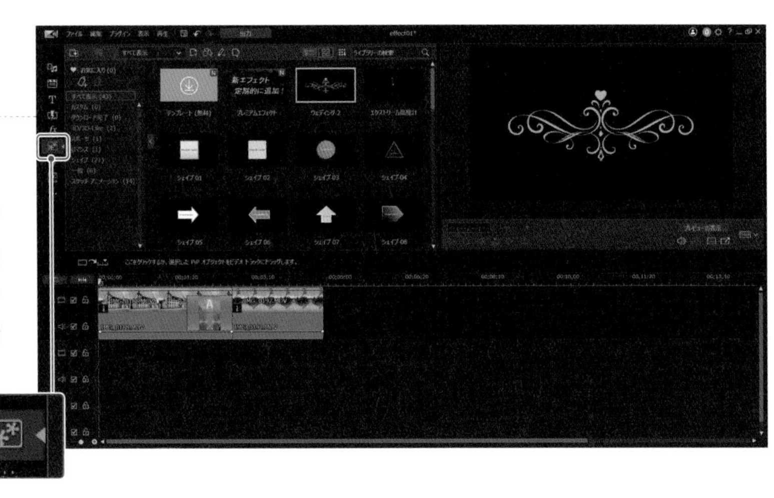

パーティクル

あらかじめデザインされた、動きのある効果を選べます。

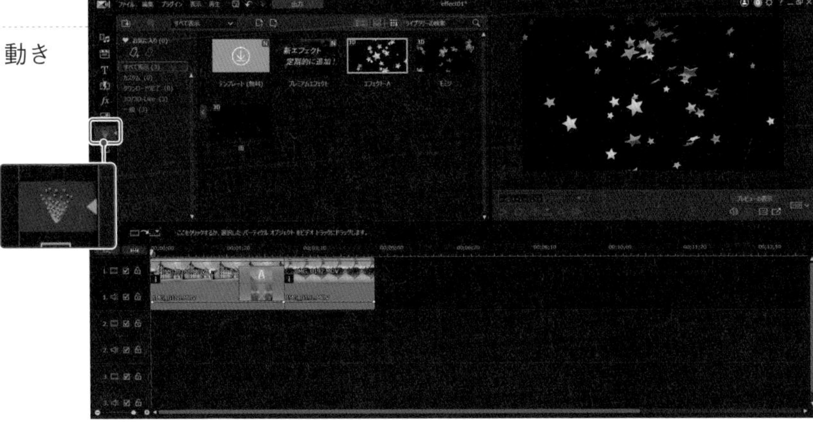

5-2 トランジションを加えてみよう

ビデオ クリップ間に、映像が切り替わる「トランジション」の効果を加えることで、それぞれのシーンの移り変わりを印象的に見せましょう。

トランジションを挿入する

「トランジション ルーム」にあらかじめ用意されているさまざまな切り替え効果から一つ選び、ビデオ クリップ間に挿入します。

タイムラインにあらかじめ複数のビデオ クリップを配置した状態で、「トランジション ルーム」を選び、カテゴリーの中からいずれかを選びます。ここでは「一般」を選択します。一般的によく使われている効果に絞り込まれます。

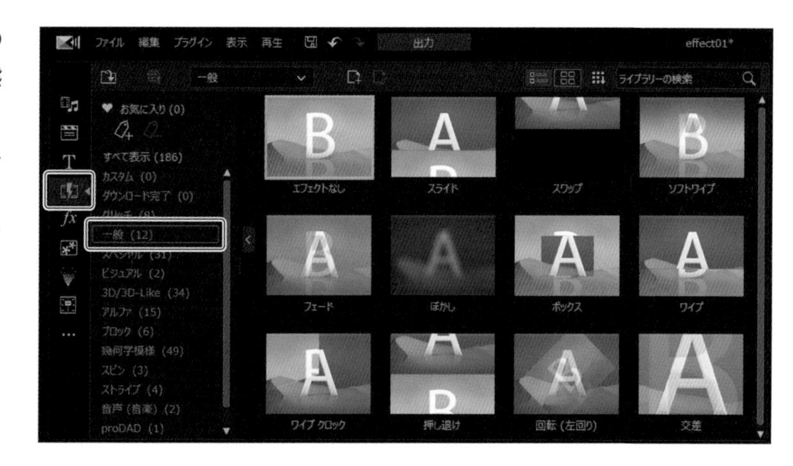

いずれかの効果を選びます。ここでは徐々に透明になりながら次のビデオ クリップに切り替わる「フェード」をクリックします。どのような効果なのかを動きのあるサンプルがプレビューに繰り返し映し出されます。

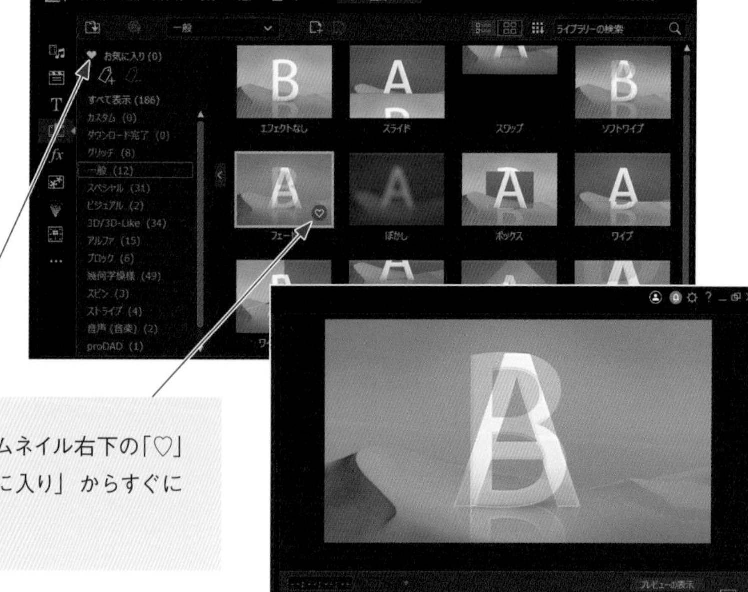

Memo

頻繁に使用するトランジションは、サムネイル右下の「♡」ボタンをクリックしておくと、「お気に入り」からすぐに選べます。

効果のサムネイルを、タイムラインの該当するビデオ クリップ間にドラッグ&ドロップします。

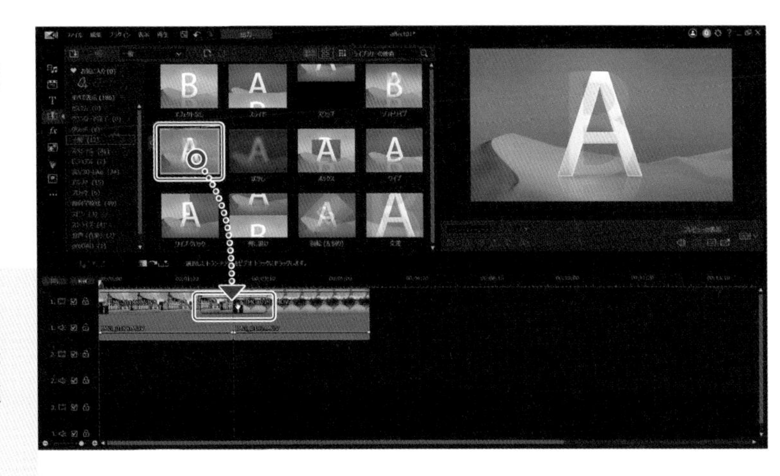

Memo

分割されていないビデオ クリップの途中に、挿入することはできません。ただしビデオ クリップの最初と最後に適用することはできます。

トランジションのクリップが、ビデオ クリップ間に挿入されます。

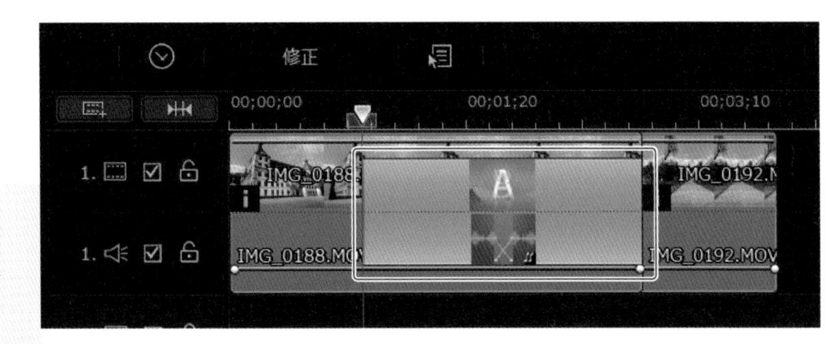

Memo

トランジション クリップがビデオ クリップの下に隠れて見えない場合は、ビデオ クリップ間をクリックすると表示されます。

挿入したトランジションがどのように適用されているのかを再生してみましょう。

トランジション クリップをクリックして選択します。すると再生スライダーがトランジション クリップの先頭に配置されます。プレビュー ウィンドウの「再生」ボタンをクリックすると、ちょうど切り替わる箇所の映像が再生されます。

トランジションの所要時間を修正する

挿入したトランジションがどのように適用されているのかを確認しましょう。

トランジション クリップをクリックして選択すると、タイムラインの上に「修正」ボタンが表示されるのでクリックします。

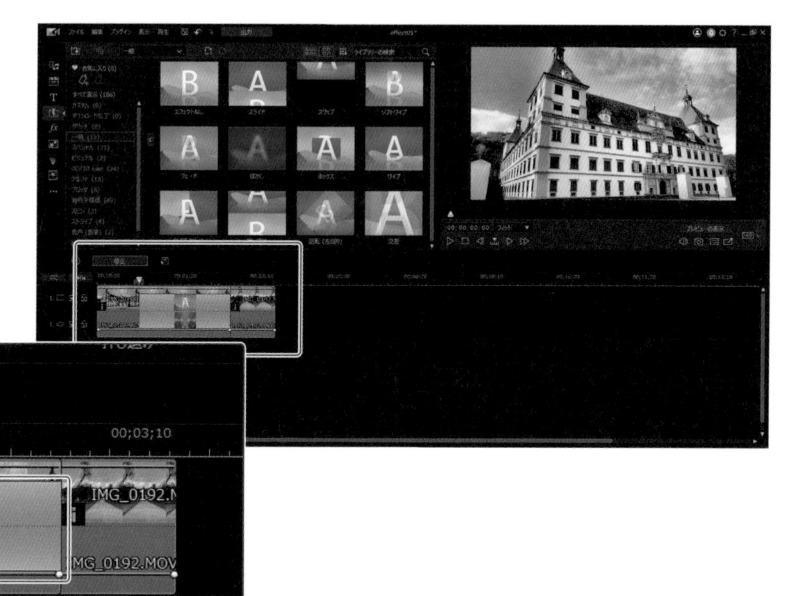

すると「トランジションの設定」画面に切り替わります。「所要時間」には、現在のトランジションの長さの秒数が表示されています。

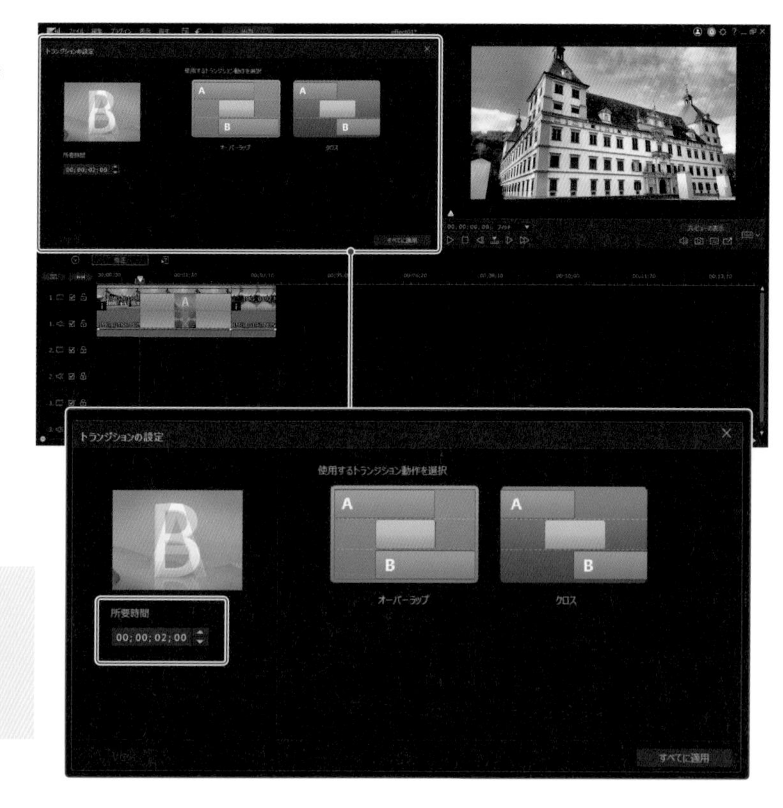

Memo

トランジション クリップをダブルクリックしても「トランジションの設定」画面に切り替えられます。

秒数を入力したり、上下の三角形ボタンをクリックしてトランジションの所要時間を変更できます。

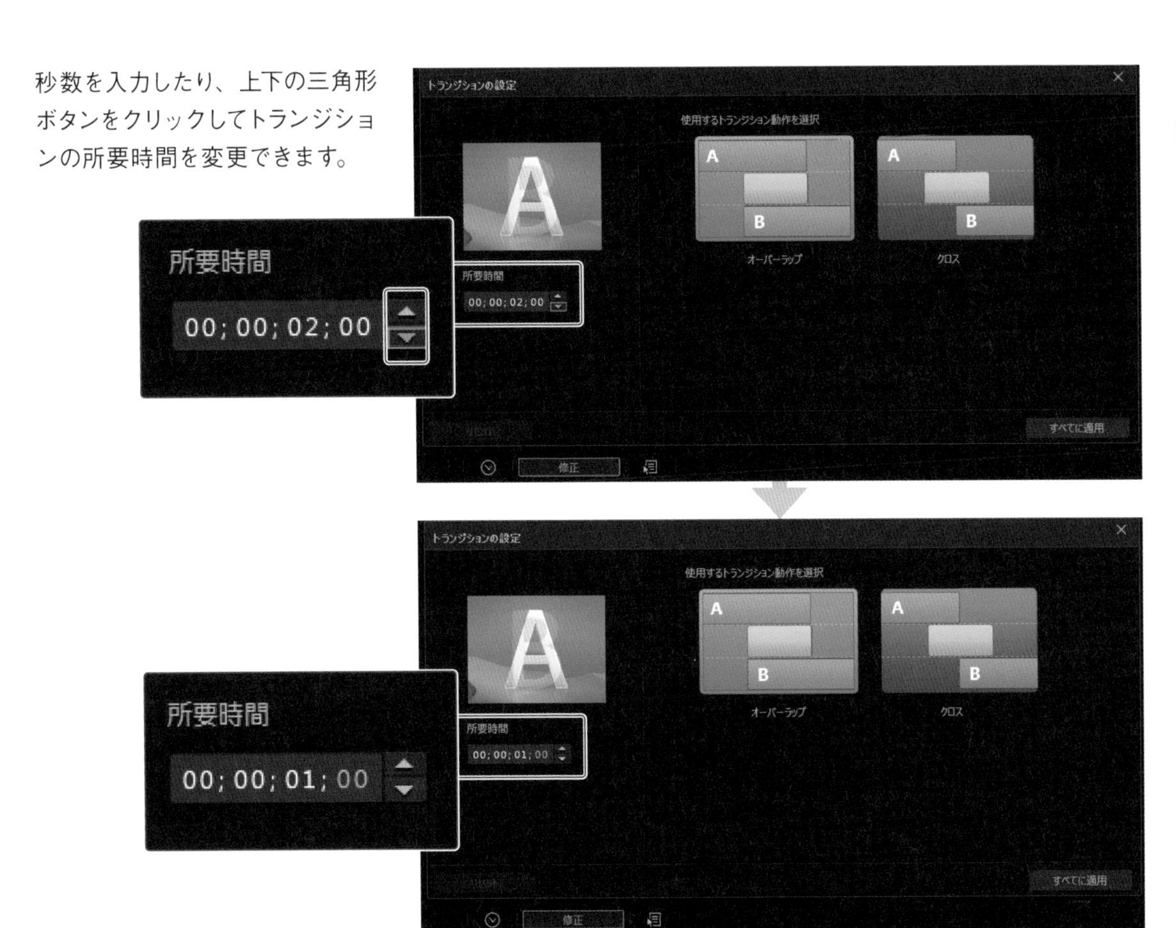

変更後は「閉じる」ボタンをクリックして「トランジションの設定」画面を閉じます。

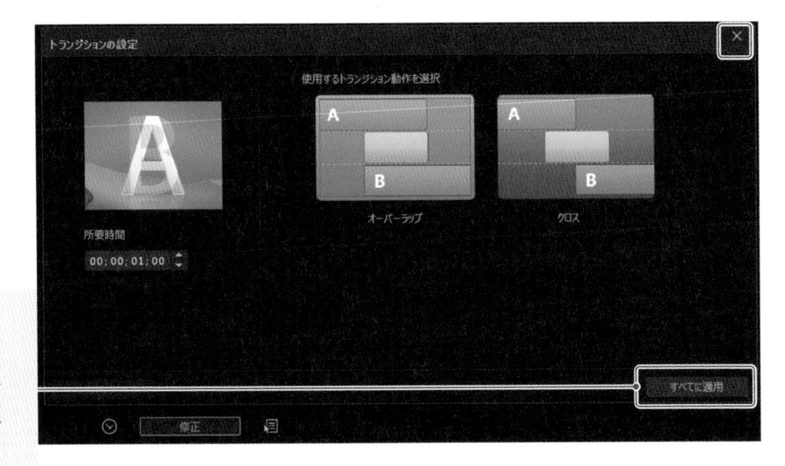

Memo

「すべてに適用」ボタンをクリックすると、現在の設定が同じトラック上にあるほかのトランジションにも適用されます。

トランジションの重なり方法を選ぶ

トランジションをビデオ トラックのビデオ クリップにどのように重ねて適用するのかを「オーバーラップ」と「クロス」の 2 種類から選びます。

オーバーラップ

前後のビデオ クリップと、トランジション クリップがそれぞれ重なって切り替わります。

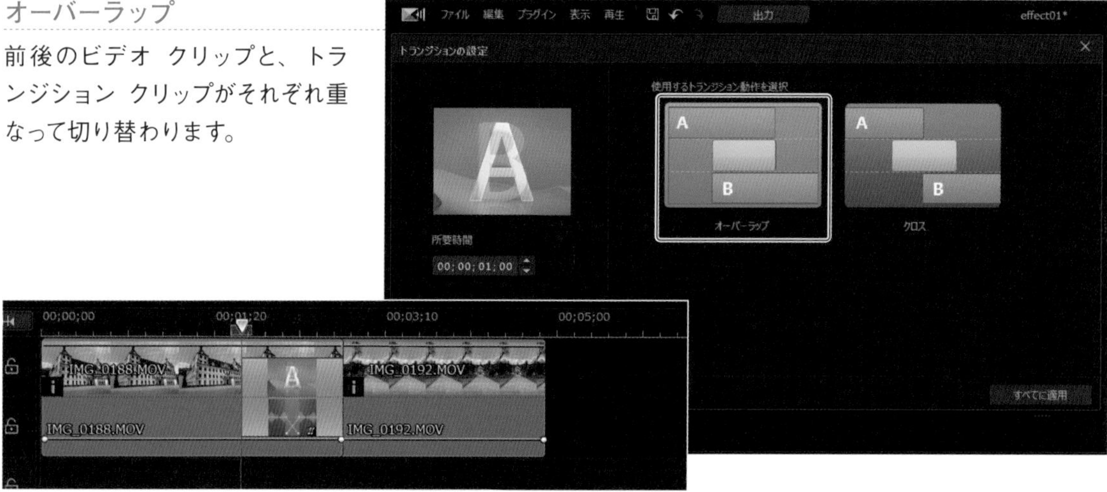

クロス

前後のビデオ クリップは重ならずに、トランジション クリップが双方のビデオ クリップの後ろと前を橋渡しする形で切り替わります。

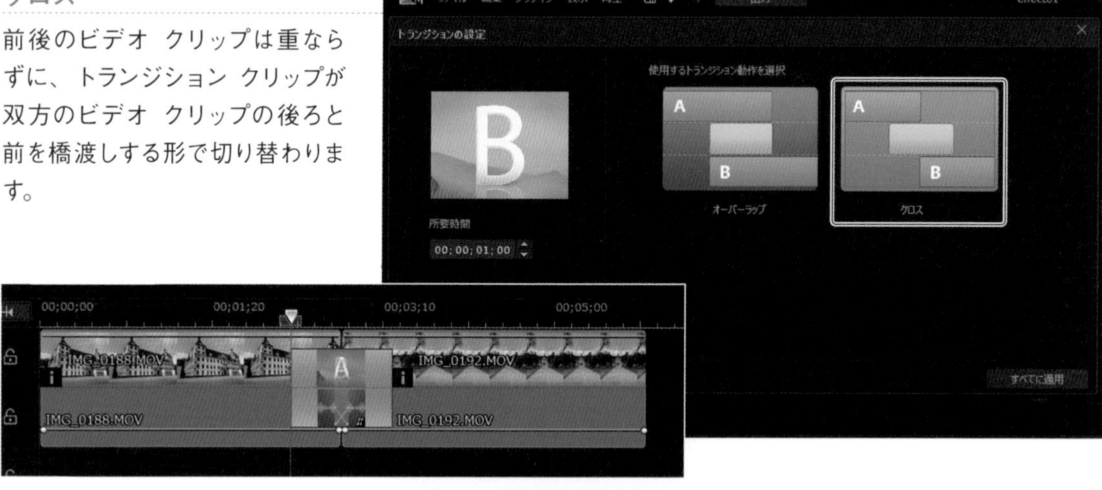

変更後は「閉じる」ボタンをクリックして「トランジションの設定」画面を閉じます。

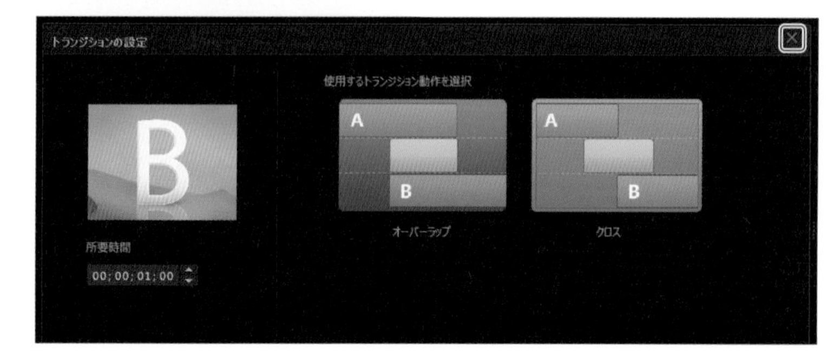

トランジションを入れ替える

トランジションを適用後、他のトランジション クリップに簡単に取り替えられます。

ライブラリー ウィンドウから変更したいトランジションのサムネイルを、タイムラインのトランジション クリップの位置にドラッグ&ドロップします。

トランジションの効果が切り替わります。

Memo

トランジションを追加したいときは、「トランジション ルーム」で「すべて表示」の「テンプレート(無料)」をクリックして、「DirectorZone」サイトからダウンロードできます。

トランジションを削除する

不要なトランジションを削除します。

削除したいトランジション クリップをクリックして選択します。

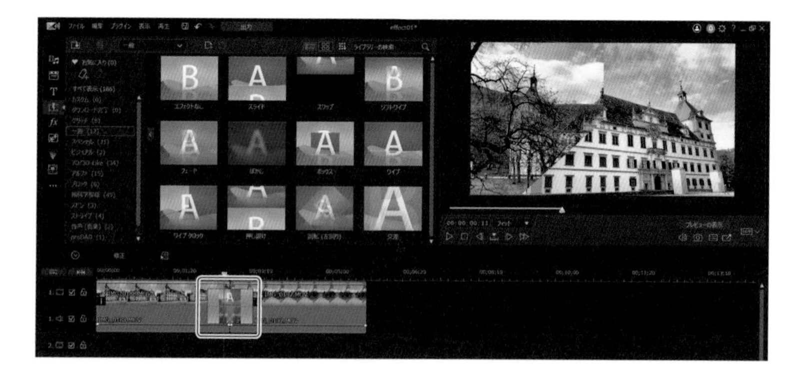

トランジション クリップを右クリックして、「削除」を選びます。または「Delete」キーを押します。

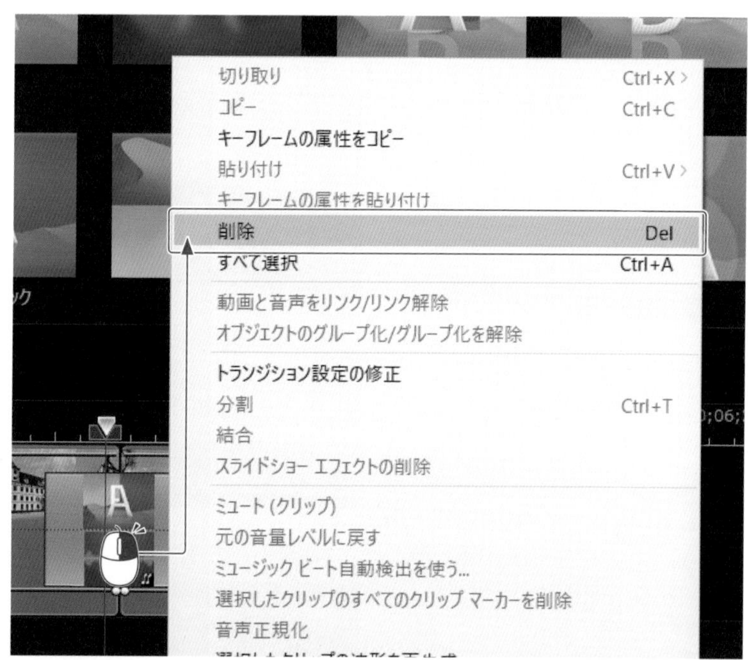

トランジションが削除されました。

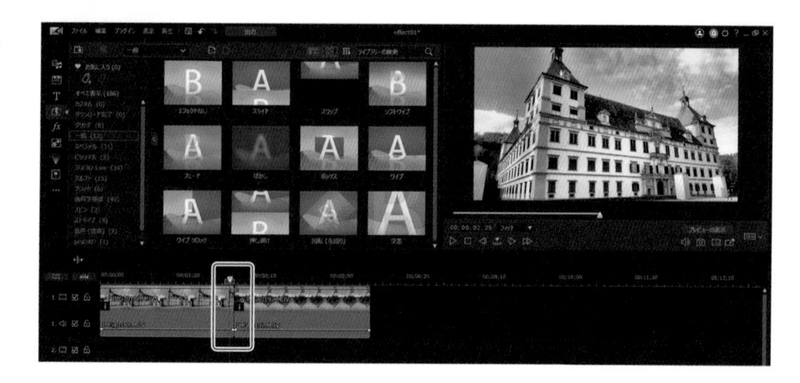

トランジションの主な種類

トランジションには多くの効果が用意されていますが、そのなかでもよく使われるものが「一般」にまとめられています。種類によっては動きの方向などを選べる効果があります。

スライド

後ろのビデオ クリップを上下左右に移動しながら前のビデオ クリップに重なる動作をします。「方向」で「上」「下」「左」「右」を選べます。

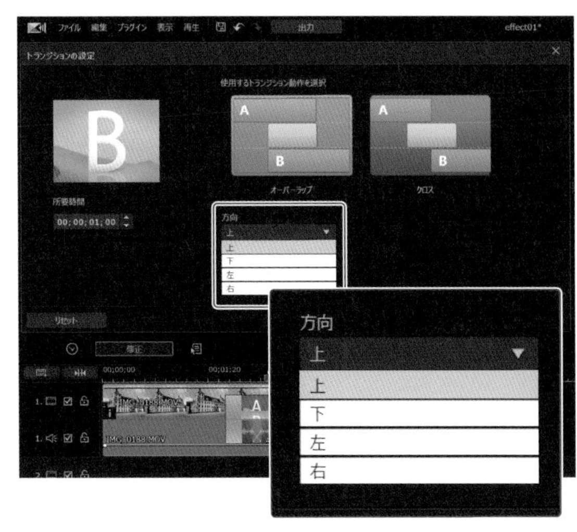

スワップ

前後のビデオ クリップをいったん黒いスライドに切り替えた上で、次のビデオ クリップで押し出します。「方向」で「上」「下」「左」「右」を選べます。

※ Mac 版にはありません。

ソフト ワイプ

前後のビデオ クリップに上下左右に移動するぼかしを加えながら、次のビデオ クリップに切り替わります。「方向」で「上」「下」「左」「右」を選べます。

フェード

前後のビデオ クリップを徐々にぼかしながら次のビデオ クリップに切り替わります。

ぼかし

ビデオ クリップを徐々に暗転させた上で、次のビデオ クリップに徐々に切り替わります。「ぼかしの最大レベル」「背景色」「ぼかしレベル」を設定できます。

ボックス

ビデオ クリップの枠を縮小または拡大させながら、次のビデオ クリップに切り替わります。「種類」で「中へ」と「外へ」を選べます。

ワイプ

次のビデオ クリップを上下左右から割り込むようにして切り替えます。「方向」で「上」「下」「左」「右」を選べます。

ワイプ クロック

時計の針のような動きで次のビデオ クリップが割り込むようにして切り替えます。「方向」で「反時計回り」「時計回り」が選べます。

押し退け

前後のビデオ クリップがつながった状態で上下左右に移動して切り替わります。「方向」で「上」「下」「左」「右」を選べます。

回転（左回り）

次のビデオ クリップが長方形の枠のまま左回りに回転しながら切り替わります。「ポップアウト」の有無を設定できます。

交差

前のビデオ クリップが徐々に拡大しながらフェードアウトして、それに交わるように次のビデオ クリップが縮小しながら画面にフィットして切り替わります。

他にも「3D/3D - Like」の「ガラス 3」ではガラスが割れるように切り替わったり、「ブロック」の「ディゾルブ」ではモザイクのようにに切り替わるなどユニークなビジュアルのトランジションが用意されているので活用しましょう。

「3D/3D - Like」の「ガラス 3」
※「ガラス 3」は Mac 版にはありません。

「ブロック」の「ディゾルブ」

5-3 ビデオ クリップにエフェクトを加える

ビデオ クリップにぼかしやカラー、質感などの変化を簡単に加えることができる「エフェクト」が多数用意されています。ビデオ クリップを強調したり、緩和させたいなど、目的に適したエフェクトを利用しましょう。

エフェクトの主な種類

「エフェクト ルーム」を開くと、ビデオ クリップに適用することができる視覚効果が、カテゴリーにまとめられています。主なエフェクトのカテゴリーには次のようなものがあります。

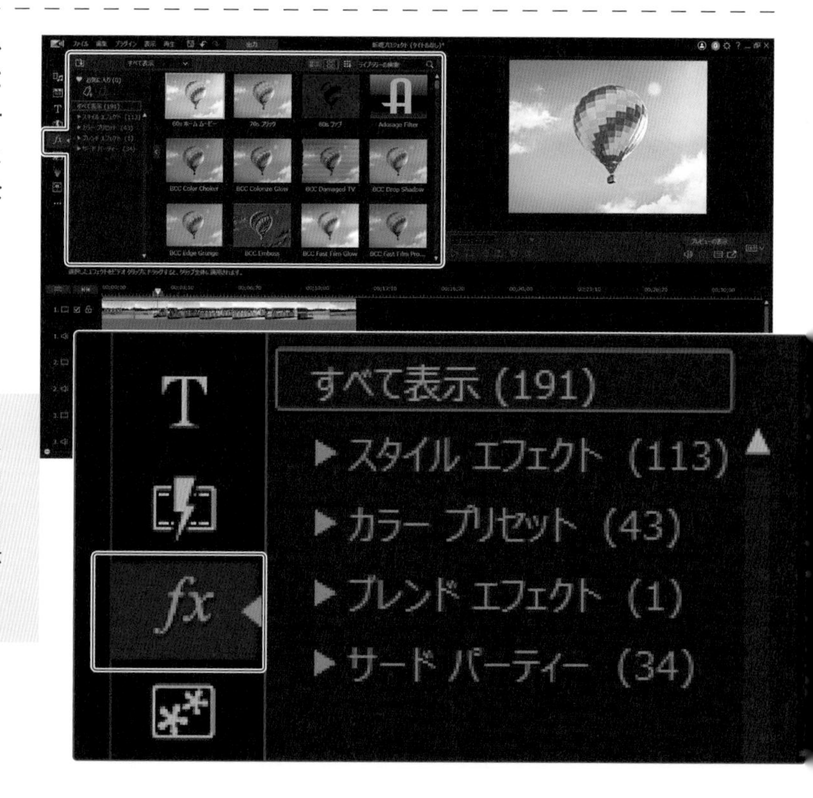

Memo

Mac 版のエフェクトのカテゴリーは「スタイル エフェクト」と「カラー LUT」の２種類です。また Windows 版でもお使いのマシンの環境によっては表示されないエフェクトがあります。

スタイル エフェクト

ビデオ クリップの映像をぼかしたり、変形したり、動きのあるオブジェクトを重ねて表示する効果などがあります。

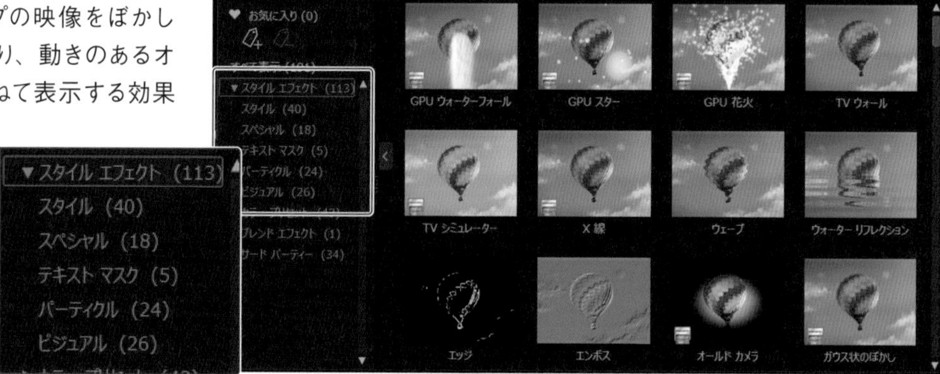

カラー プリセット

色や明るさを変化させるさまざまなスタイルがあります。

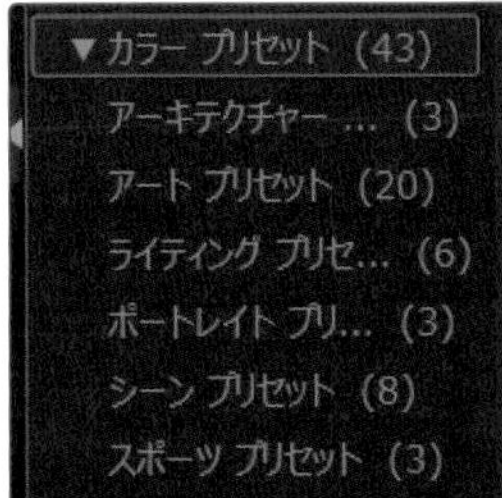

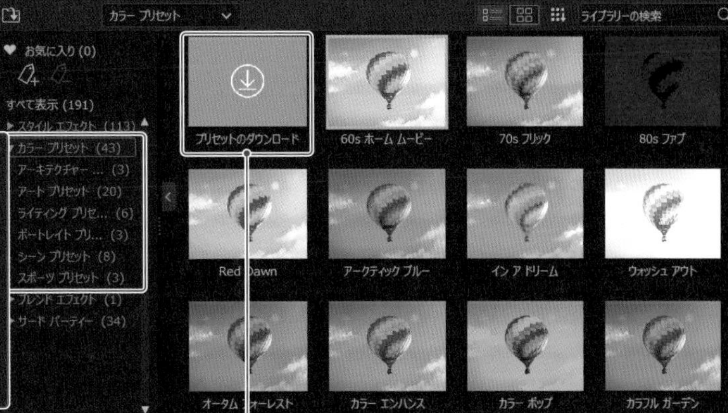

Memo

カラー プリセットを追加したいときには「プリセットのダウンロード」をクリックして、「DirectorZone」サイトからダウンロードできます。

ブレンド エフェクト

ビデオ クリップの下に、合成効果のクリップが追加され、上のクリップと合成する方法を設定します。合成効果は変更ができます。

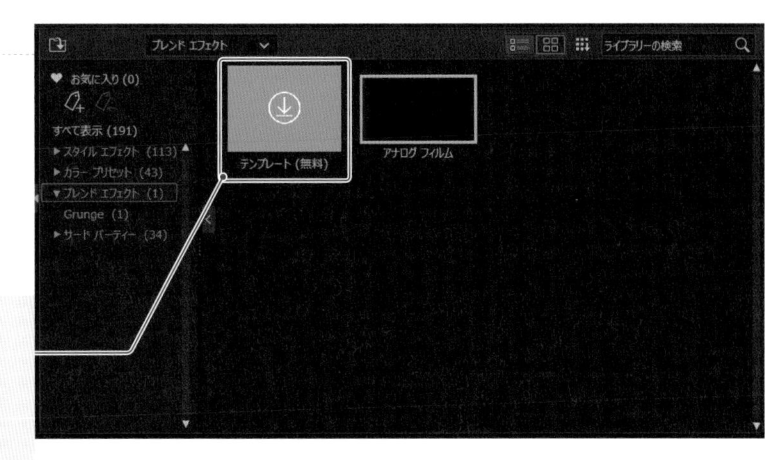

Memo

ブレンド エフェクトを追加したいときには「テンプレート (無料)」をクリックして、「DirectorZone」サイトからダウンロードできます。

サード パーティー

サード パーティーが提供しているエフェクトを適用します。

エフェクトを適用する

ビデオ クリップにエフェクトを適用します。

「エフェクト ルーム」を選んで、「すべて表示」またはカテゴリーを開いて、目的のエフェクトのサムネイルをクリックします。
ここでは「スタイル エフェクト」を開いて「スタイル」の「ウェーブ」を選んでいます。

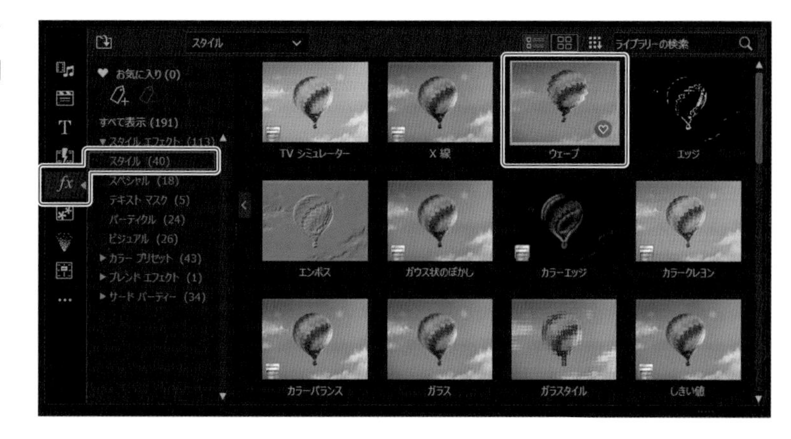

タイムラインのビデオ クリップに、エフェクトのサムネイルをドラッグ&ドロップします。

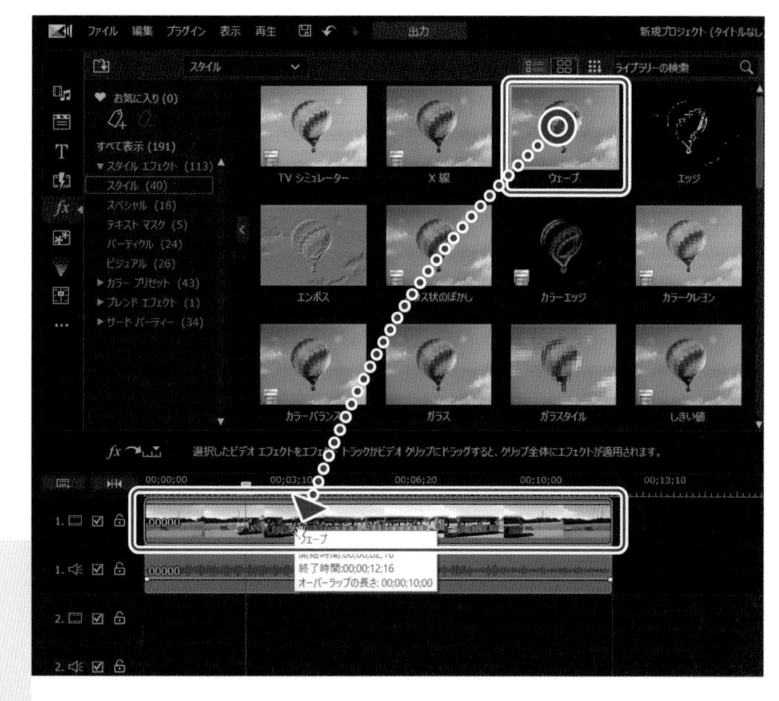

Memo

頻繁に使用するエフェクトは、サムネイル右下の「♡」ボタンをクリックしておくと、「お気に入り」からすぐに選べます。

ビデオ クリップにエフェクトが適用されます。プレビュー ウィンドウの「再生」ボタンをクリックして、適用された結果を確認します。

Memo

ひとつのビデオ クリップにエフェクトを複数かけることができます。またかける順番によって見た目の効果が変わります。

Memo

ビデオ クリップにどのようなエフェクトが適用されているのかを確認するには、ビデオ クリップ左端に表示されている「i」のアイコンにマウスポインターを重ねます。適用されているエフェクト名がポップアップされます。

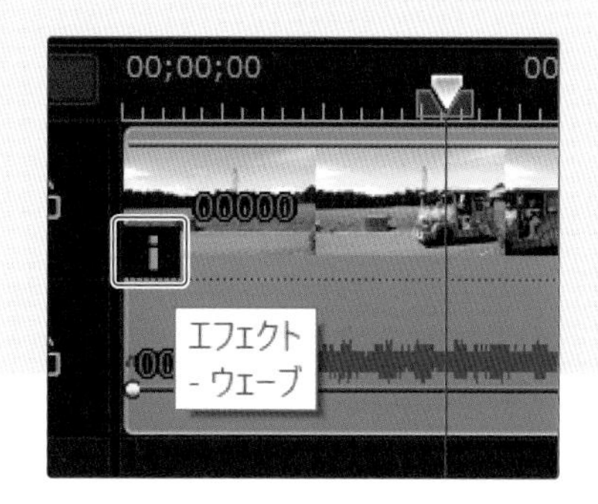

エフェクトを編集する

ビデオ クリップに適用されたエフェクトを調整することができます。

エフェクトを調整したいビデオ クリップを選択して、「エフェクト」ボタンをクリックします。

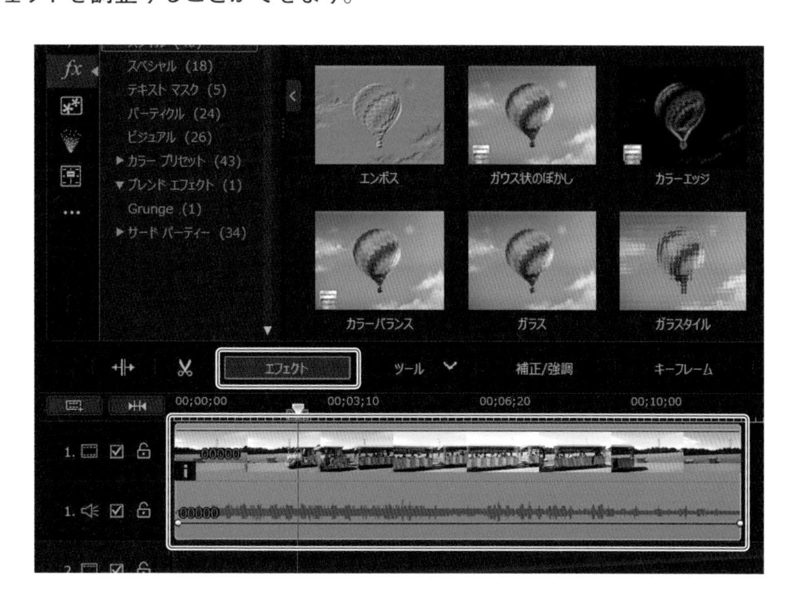

「エフェクトの設定」画面に切り替わります。ここでは適用されている「ウェーブ」の変形度合いを調整できます。「期間」の数値を高めると、縦の揺れ幅の間隔が広がります。「横幅」の数値を高めると、横の揺れ幅の間隔が広がります。調整後は「閉じる」ボタンをクリックします。

Memo

適用しているエフェクト名の左側のチェックボタンを外すと無効にできます。チェックを入れると有効になります。

Memo

エフェクトの種類によって調整できる項目は異なります。

エフェクトを取り消す

ビデオ クリップに適用したエフェクトを取り消すには、「エフェクトの設定」画面で取り消したいエフェクト名を選択して、「削除」ボタンをクリックします。

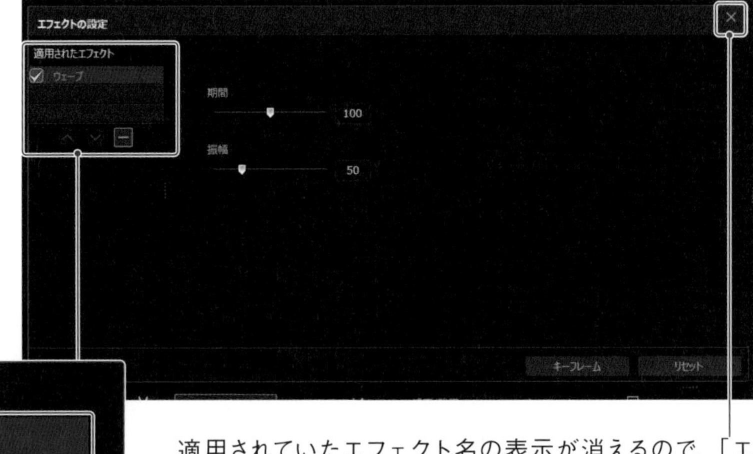

適用されていたエフェクト名の表示が消えるので、「エフェクトの設定」画面を閉じます。

5-4 ビデオ クリップに動くオブジェクトを重ねて表示

「ビデオ オーバーレイ ルーム」には、ビデオ クリップに重ねて表示できるさまざまなオブジェクトのクリップが用意されています。吹き出しや図形、スケッチ アニメーションなど、元のビデオ クリップの映像の上に簡単に配置できます。

ビデオ オーバーレイの主な種類

ビデオ オーバーレイは、「ピクチャー イン ピクチャー オブジェクト」とも呼ばれる、ビデオの中に他の映像を重ねて表示する効果です。

「ビデオ オーバーレイ（PiP オブジェクト）ルーム」を開くと、背景が透明になっているさまざまなアニメーション効果のアニメーション クリップを選べます。主な種類には次のようなものがあります。

Memo

PiP オブジェクトを追加したいときは「すべて表示」の「テンプレート(無料)」をクリックして、「DirectorZone」サイトからダウンロードできます。

3D/3D - Like

立体感のあるオブジェクトを追加します。

シェイプ

図形や吹き出しや、これらにテキストを入力できるオブジェクトを追加します。

スケッチ アニメーション

線を手描きしているようなアニメーションで表示させる効果です。

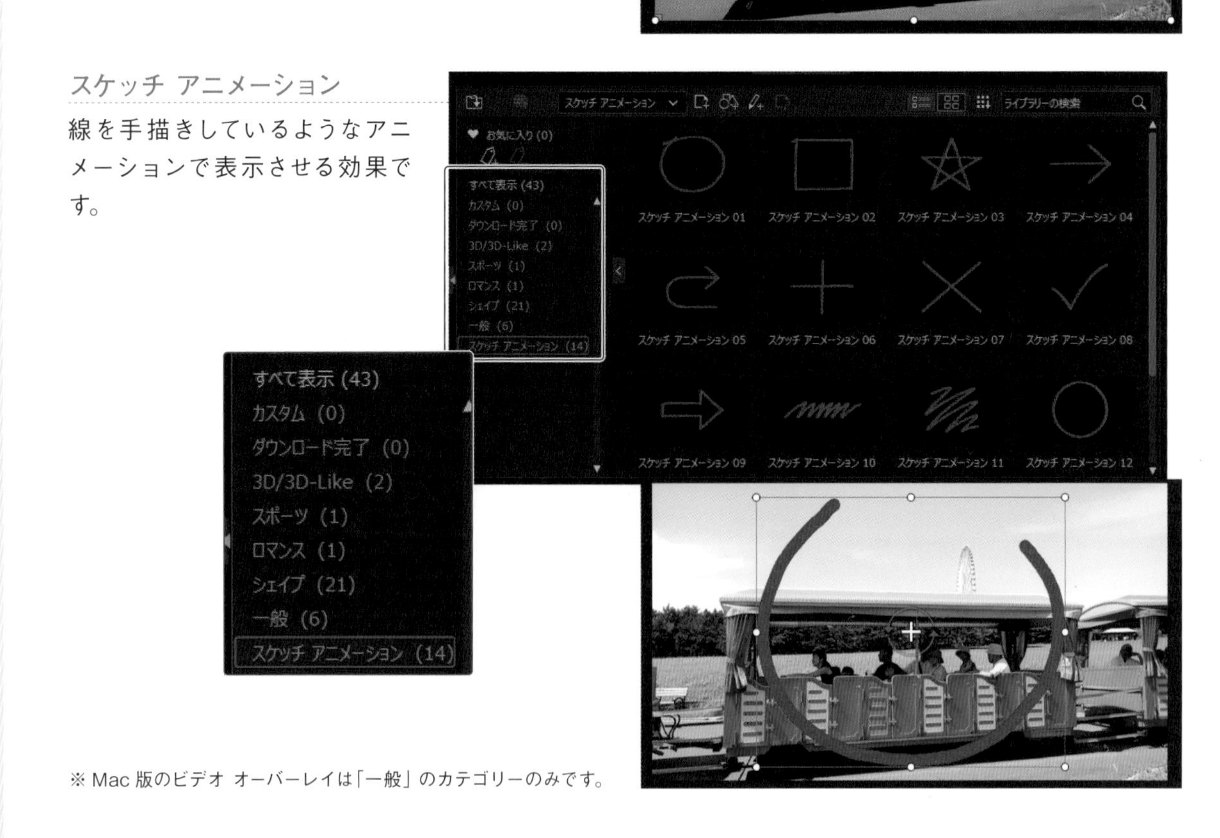

※ Mac 版のビデオ オーバーレイは「一般」のカテゴリーのみです。

ビデオ オーバーレイを追加する

ビデオ オーバーレイは、ビデオ クリップの下のビデオ トラックに追加することによって、映像が重なった状態で表示されます。

追加したいビデオ オーバーレイのサムネイルをクリックして選択します。ここでは「スケッチ アニメーション」の「スケッチ アニメーション 01」を選んでいます。

※ Mac 版には「スケッチ アニメーション」はありません。

現在のビデオ クリップの下にあるビデオ トラックに、ビデオ オーバーレイのクリップをドラッグ&ドロップして挿入します。

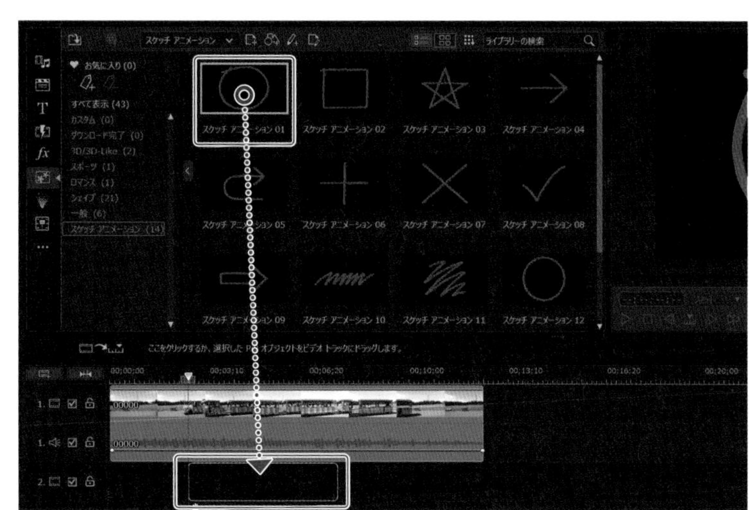

プレビュー ウィンドウの「再生」ボタンをクリックして、ビデオ オーバーレイが重なった映像を確認します。

Memo

タイムラインのビデオ オーバーレイは、ビデオ クリップと同様に編集ができます。

パーティクル効果を追加する

「パーティクル ルーム」にはあらかじめ雨が降る効果や、星や落ち葉が降り注ぐ効果が用意されています。使い方は「ビデオ オーバーレイ」と同じように、ビデオ クリップの下のビデオ トラックに追加することによって、動きのある映像が重なった状態で表示されます。

追加したいビデオ オーバーレイのサムネイルをクリックして選択します。ここでは「モミジ」を選んでいます。

Memo

パーティクルを追加したいときは「すべて表示」の「テンプレート（無料）」をクリックして、「DirectorZone」サイトからダウンロードできます。

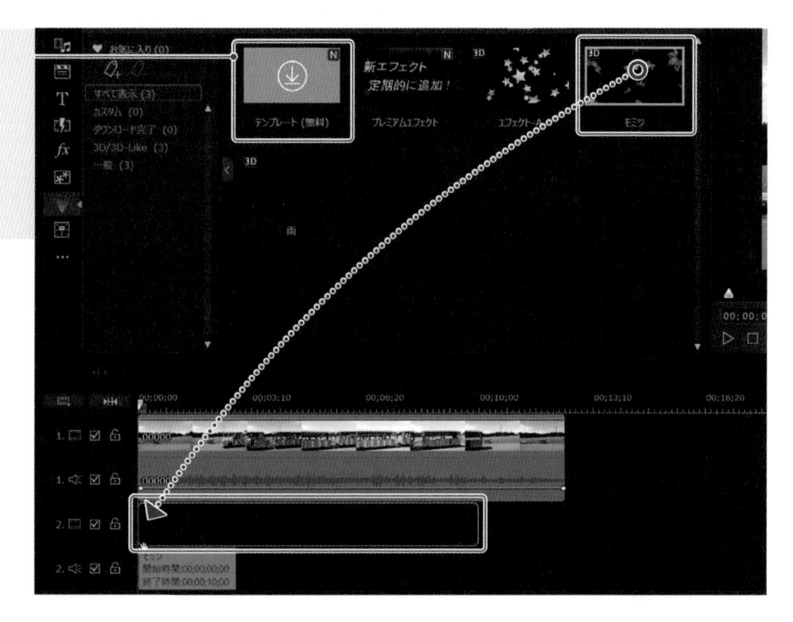

現在のビデオ クリップの下にあるビデオ トラックに、ビデオ オーバーレイのクリップをドラッグ&ドロップします。

プレビュー ウィンドウの「再生」ボタンをクリックして、ビデオ オーバーレイが重なった映像を確認します。

Memo

タイムラインのパーティクルは、ビデオ クリップと同様に編集ができます。

5-5 タイトルを入れてみよう

動画の始まりにタイトルを加えると、どのような動画の内容なのかが見ている側にもすぐに伝わりやすくなります。タイトルに適したテンプレートを選び、テキストを入力して、少しずつ調整を加えましょう。

タイトルを加える流れ

ビデオにタイトルを加える手順は、タイトル エフェクトを選び、ビデオの始まりに挿入します。内容に適したタイトルをテキスト入力します。テキストの長さや位置を微調整します。さらに開始と終了の効果を加えるなどして仕上げます。

「タイトル ルーム」を開き、テンプレートからタイトルエフェクトを選びます。

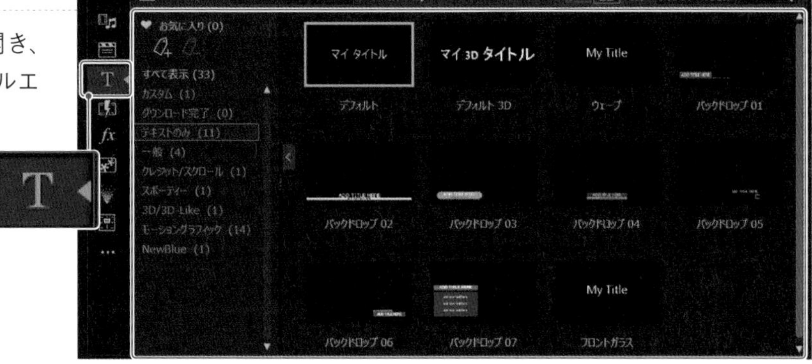

ビデオの始まりに
タイトル エフェクトを挿入する

選択したタイトル エフェクトを、ビデオ トラックに追加します。

タイトルのテキストを入力する

「タイトル デザイナー」を使って、タイトルをテキスト入力します。

タイトルの編集をする

「タイトル デザイナー」でタイトルの詳細を調整したり編集したりします。

タイトルの長さや開始と終了位置を調整する

タイムラインでタイトル エフェクトの開始位置、終了位置、所要時間などを調整します。

Memo

タイトル エフェクトを追加したいときは「タイトル ルーム」で「すべて表示」の「テンプレート（無料）」をクリックして、「DirectorZone」サイトからダウンロードできます。

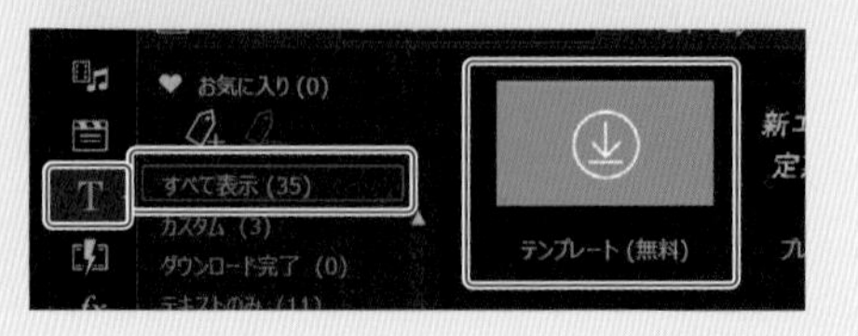

タイトル エフェクトをタイムラインに追加する

「タイトル ルーム」を開くと、さまざまな効果が付いたタイトル エフェクト テンプレートが用意されています。ここでは最もシンプルなタイトル エフェクトをタイムラインに追加します。

「タイトル ルーム」を開きます。ここでは「テキストのみ」のカテゴリーを開き、「デフォルト」のサムネイルをクリックして選びます。

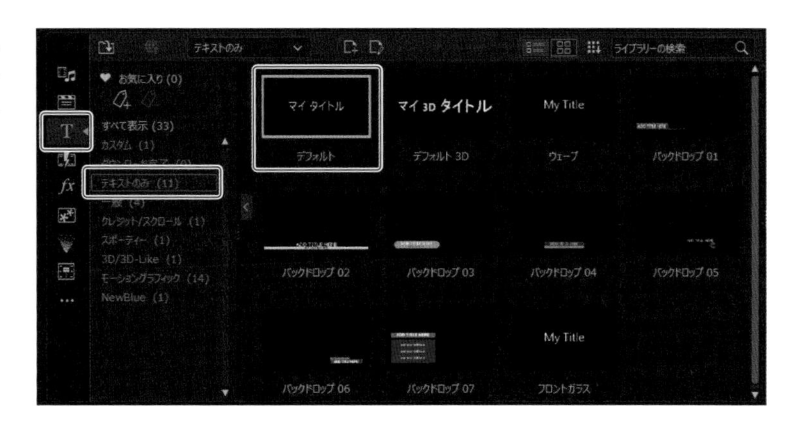

タイムラインの、現在のビデオ クリップの下のビデオトラックの始まりに、選択したタイトル エフェクトのサムネイルをドラッグ&ドロップします。

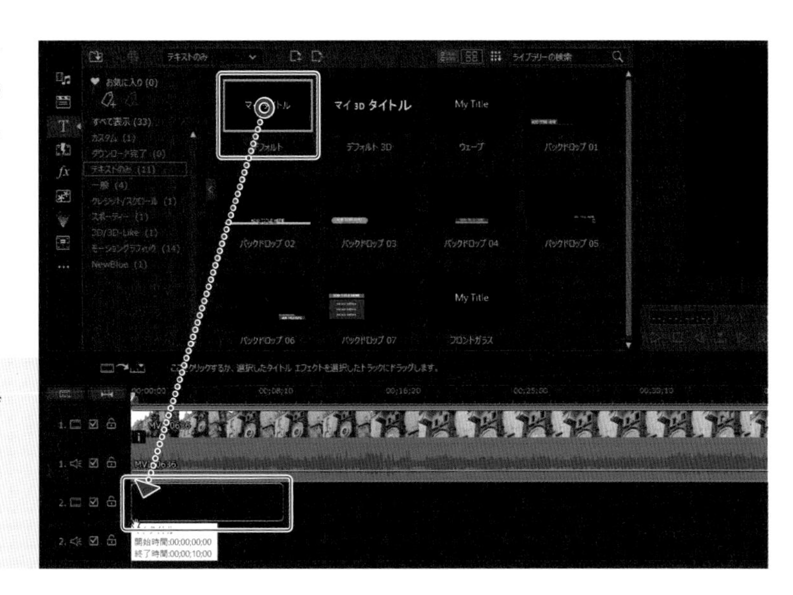

Memo

タイトル エフェクトは、すでにビデオ クリップが配置されているトラックは避けて、別の空いているビデオトラックに挿入します。

タイトル エフェクトがクリップとして追加されました。

タイトルをテキスト入力する

追加したタイトル エフェクトに、テキストを入力します。

タイトル エフェクトを選択した状態で「デザイナー」ボタンをクリックします。

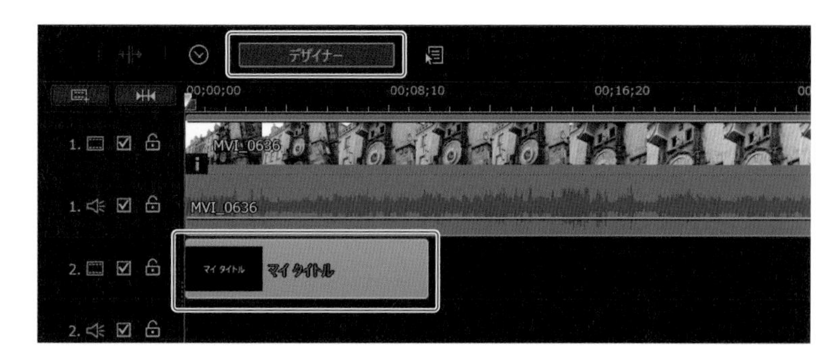

「タイトル デザイナー」画面が開きます。ここでは「エクスプレス」をクリックして、基本編集画面を開きます。

「マイ タイトル」と表示されているテキストをクリックして選択して、テキスト部分をドラッグしてテキスト全体を選択します。

テキストを入力してタイトルを上書きします。

フォントを編集する

「フォント / 段落」を開きます。テキストをドラッグして選択した状態で、フォントの種類、サイズ、色を必要に応じて変更します。ここでは「太字」を有効にしています。

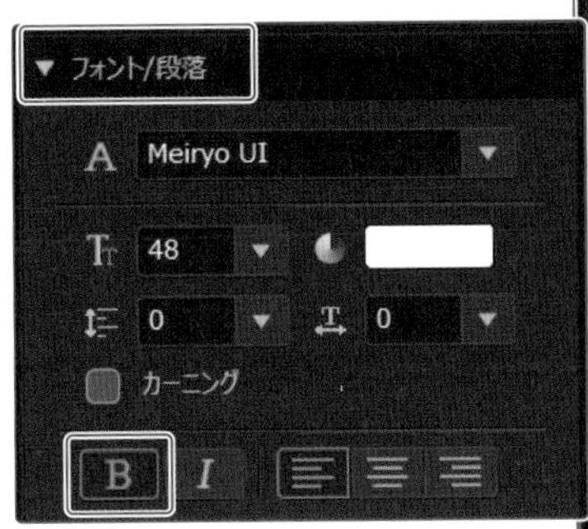

「フォント」の項目はすでにチェックが入って有効になっています。これによりフォントが白の単一色で塗りつぶされています。

テキストの選択を解除した状態で、テキスト全体に効果を加えます。ここでは「シャドウ」にチェックを入れて有効にした状態で開きます。これによりタイトルの右下方向に黒い影の効果が付き、タイトルの白い文字を浮き出させます。

タイトルの大きさと表示位置を調整する

タイトルの文字の大きさを調整します。

テキストボックスをクリックして選択します。テキストボックスの枠の角にあるサイズ変更ノードを外側にドラッグすると、テキストボックスの縦横比を保ちながらタイトル全体を拡大し、内側にドラッグすると縮小します。ここでは元のサイズよりも少し縮小します。

Memo

辺上にあるサイズ変更ノードをドラッグすると、自由な縦横比で拡大、縮小します。

タイトルの位置を調整します。テキストボックスにマウスポインターを重ねると、十字型の矢印に変わるので、この状態で移動したい方向にドラッグします。

Memo

テキストボックスの枠をドラッグしたときに、画面にピンク色の縦と横のラインが表示されたタイミングで、マウスボタンを離すと、画面の中央に合わせて配置できます。

「再生」ボタンをクリックして、ビデオクリップと、効果を加えたタイトル エフェクトが重なった状態を確認します。

「OK」ボタンをクリックして、「タイトル デザイナー」画面を閉じて、効果を適用します。

タイトルの長さや開始と終了位置を調整する

タイムラインでタイトルの開始位置や終了位置を調整します。

開始位置を移動するには、タイトル エフェクトをドラッグします。ここでは少し右にドラッグして、開始位置をビデオ クリップの開始位置よりも遅らせます。

Memo

「開始時間」を確認するには、タイトル クリップにポインターを重ねるか、ドラッグする際のポップアップに表示されています。

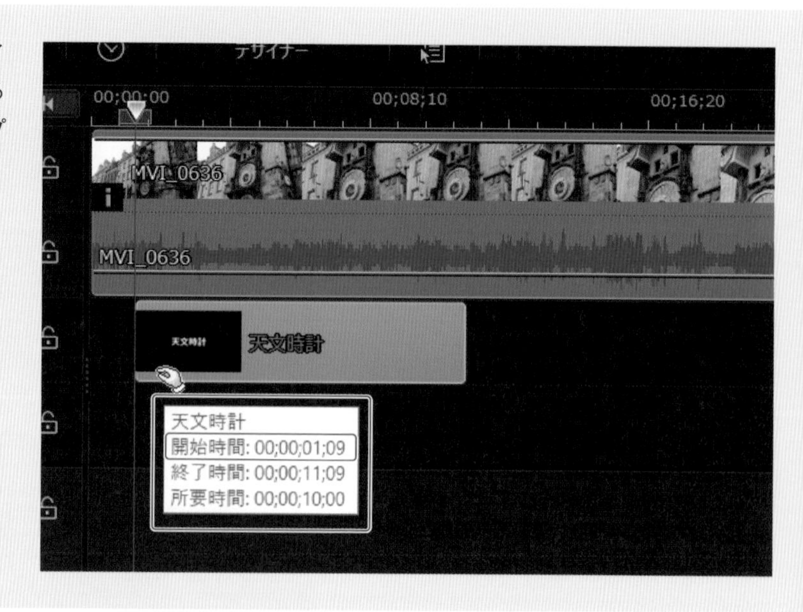

終了位置を調整するには、タイトル クリップの右端にポインターを重ねて、ポインターの形が「← →」の形になったところで、左右にドラッグします。左にドラッグするとタイトル クリップの長さが短くなり、右にドラッグすると長くなります。ここでは左にドラッグして長さを縮めています。

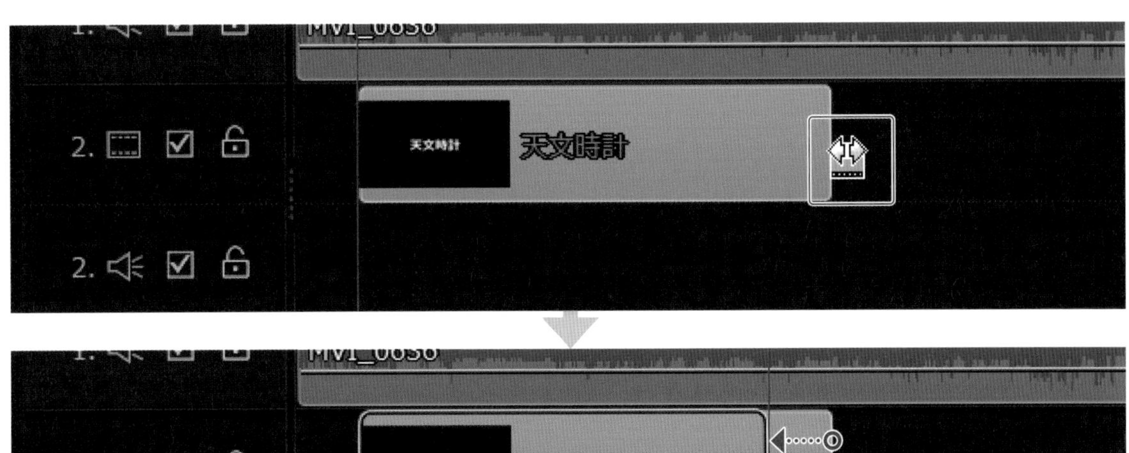

Memo

「終了時間」および「所要時間」を確認するには、タイトル クリップにポインターを重ねるか、ドラッグする際のポップアップに表示されています。

column

作成したタイトルのテンプレートを登録する

「タイトル デザイナー」で作成したオリジナルのタイトルを、テンプレートとして保存しておくと、後から同じ効果のタイトルを使用したいときにすぐに利用できます。作成したタイトル エフェクトを選択して「デザイナー」ボタンをクリックし、「タイトル デザイナー」を開きます。

「タイトル デザイナー」の「名前を付けて保存」ボタンをクリックします。

「テンプレートとして保存」ダイアログボックスで、「カスタム テンプレートの名前を入力」のボックスに、適用した効果などがわかりやすいテンプレート名を入力します。「OK」ボタンをクリックします。

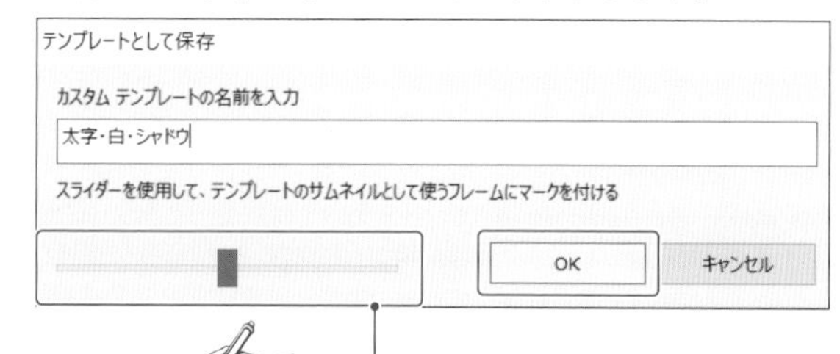

「タイトル デザイナー」の「OK」ボタンをクリックして閉じます。

Memo

スライダーをドラッグすると、「タイトル デザイナー」画面の再生スライダーが移動するので参考にしながら、テンプレートのサムネイルに使用したい箇所を設定します。

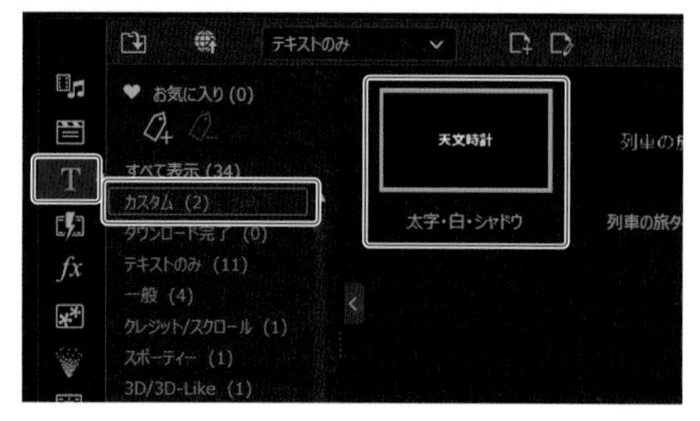

「タイトル ルーム」の「カスタム」のカテゴリーに、保存したテンプレートのサムネイルが追加されています。

動画の基本的な編集

6-1 明るさと色の調整

動画が暗いと感じたときには明るく、逆に明るすぎて白っぽい場合はトーンを押さえます。また色を鮮やかにして華やかさを演出したり、脱色してモノトーンにする方法も覚えましょう。

明るさの調整

※ Mac 版には「明るさ調整」機能はありません。

暗いクリップ全体を明るく調整します。

タイムラインで明るさを調整したいクリップをクリックして選択します。「補正 / 強調」ボタンをクリックします。

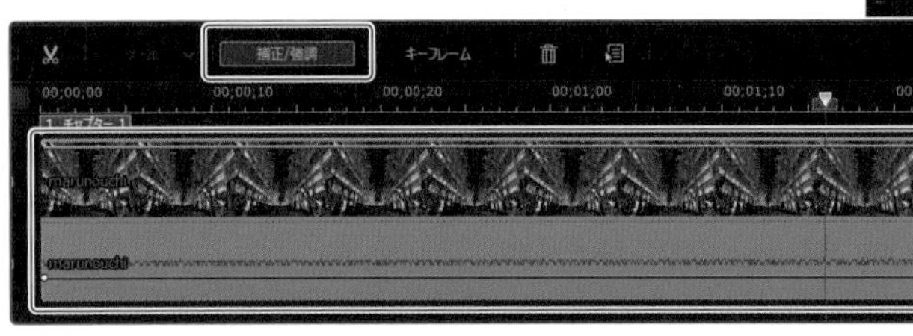

「補正」の「明るさ調整」にチェックを入れます。スライダーを右側にドラッグして明るさを強めます。数値を直接入力することもできます。

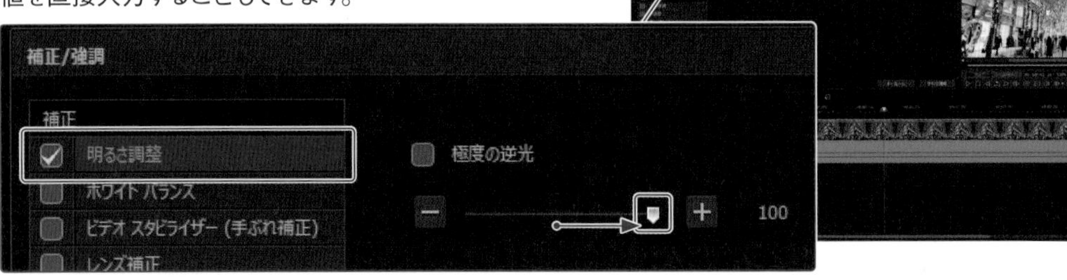

ビデオ クリップが明るく調整されました。

Memo

「極度の逆光」にチェックを入れてスライダーを右にドラッグすると、逆光が強すぎる場合に暗い被写体を明るく補正します。

色の調整

ホワイト バランスで色味を調整します。

タイムラインで色味を調整したいクリップを選択して、「補正 / 強調」を選びます。

「ホワイト バランス」にチェックを入れて、「色温度」および「色かぶり」のスライダーをドラッグして色味を調整します。黄色みが強い場合は「色温度」のスライダーを左側の青い方へドラッグします。

Memo

青みを減らしたいときは「色温度」のスライダーを右側にドラッグします。

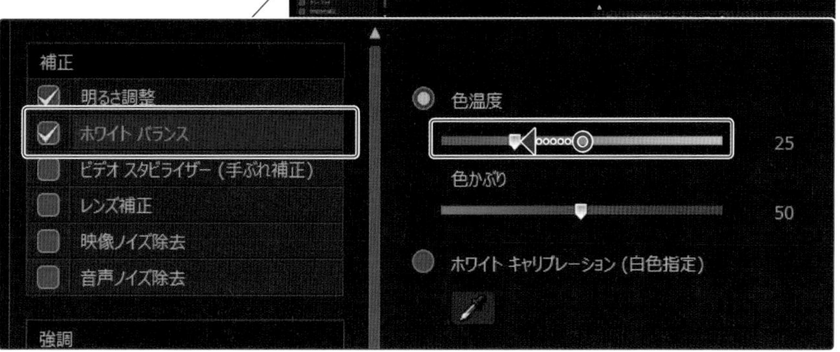

緑色が強い場合は「色かぶり」のスライダーを右のマゼンタ寄りにドラッグします。

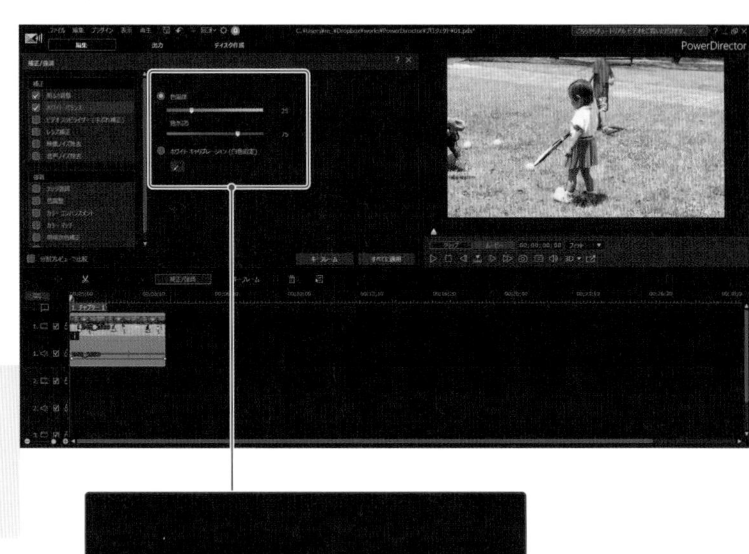

Memo

マゼンタの色の傾向を解消するには「色かぶり」のスライダーを左側にドラッグします。

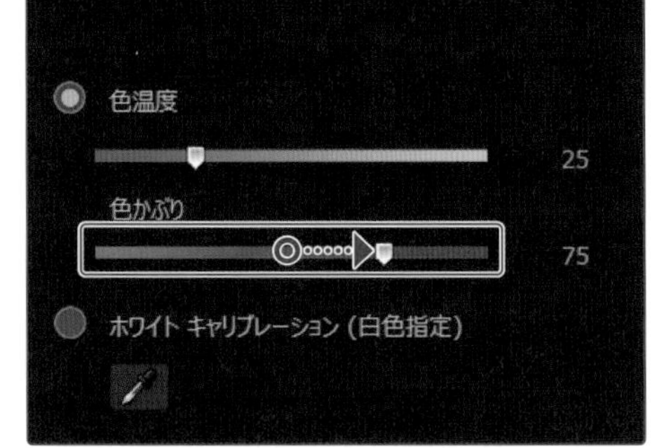

Memo

「ホワイト キャリブレーション（白色指定）」を選択し、スポイト型の「修正」を使用して左側の「オリジナル」画面上で本来白であるべき色をクリックすると、その色を基準としてホワイトバランスを調整できます。

6-2 手ぶれやノイズを補正する

カメラを手に持って撮影するときに、左右上下にわずかにぶれてしまったり、暗い場所で撮影した映像に細かい不規則な斑点の「ノイズ」が目立ってしまうなど、撮影時に生じてしまう不具合を、補正ツールで目立たなくしましょう。

手ぶれ補正を適用する

気になる手ぶれ映像を、「ビデオ スタビライザー」で補正しましょう。

手ぶれ補正をしたいビデオ クリップを、タイムラインでクリックして選択します。プレビュー ウィンドウの「再生」をクリックして、手ぶれの状態を確認したうえで、「補正 / 強調」ボタンをクリックします。

※ Mac 版には「ビデオ スタビライザー」機能はありません。

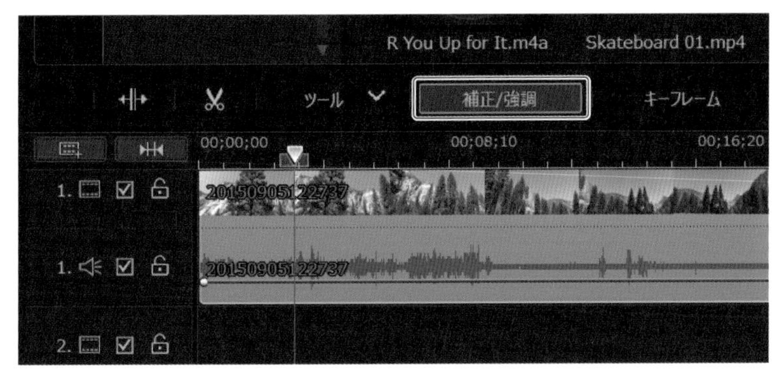

手ぶれ補正を適用します。「補正 / 強調」画面の「ビデオ スタビライザー（手ぶれ補正）」にチェックを入れます。

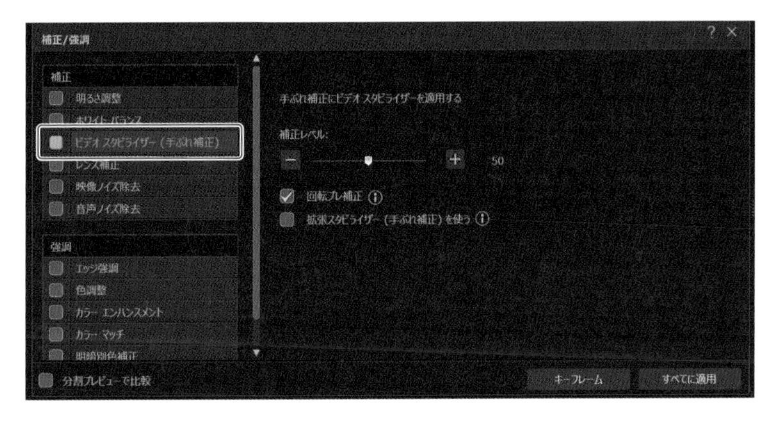

「補正レベル」のスライダーを左にドラッグして数値を下げると、画角が広がり本来の画角に近づきます。ただし手ぶれ補正効果が弱まります。

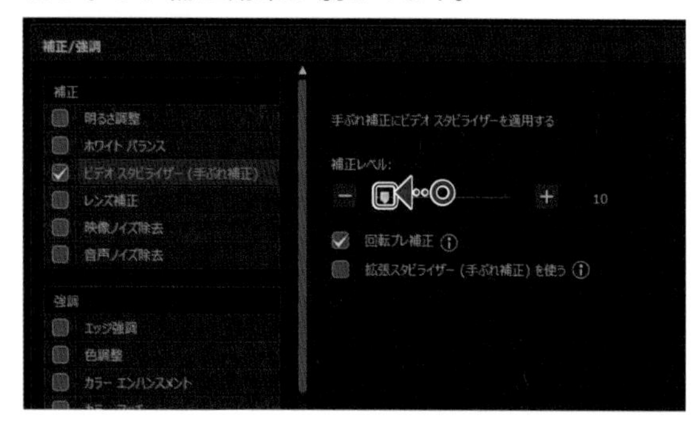

効果を強めたい時にはスライダーを右にドラッグして数値を高めます。ただし画角は狭くなります。

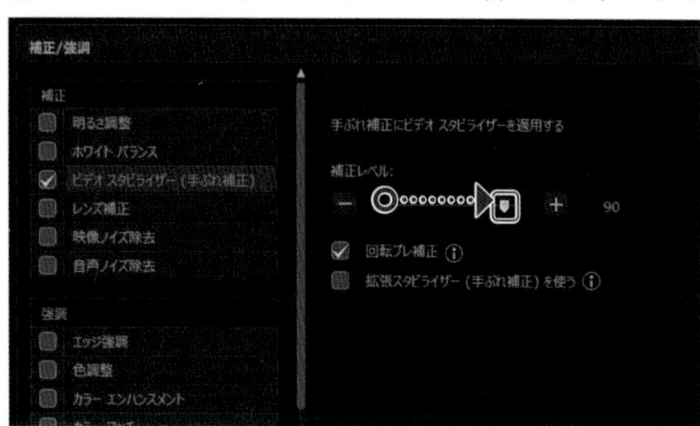

Memo

「回転ブレ補正」にチェックが入っていて有効であれば、傾きによるぶれも補正されています。

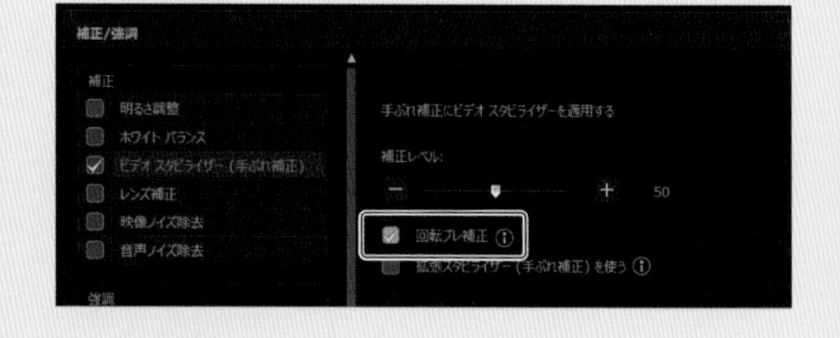

Memo

さらに「拡張スタビライザー（手ぶれ補正）を使う」にチェックを入れると、より手ぶれ補正の効果を高められます。

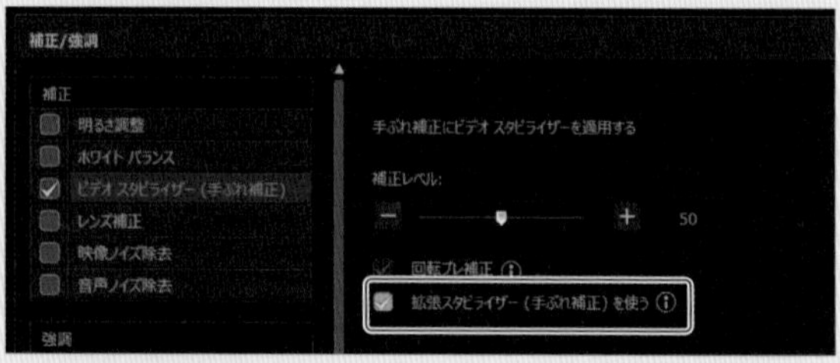

プレビュー ウィンドウで手ぶれ補正の適用後を再生して確認します。「閉じる」ボタンをクリックして「補正 / 強調」画面を閉じます。

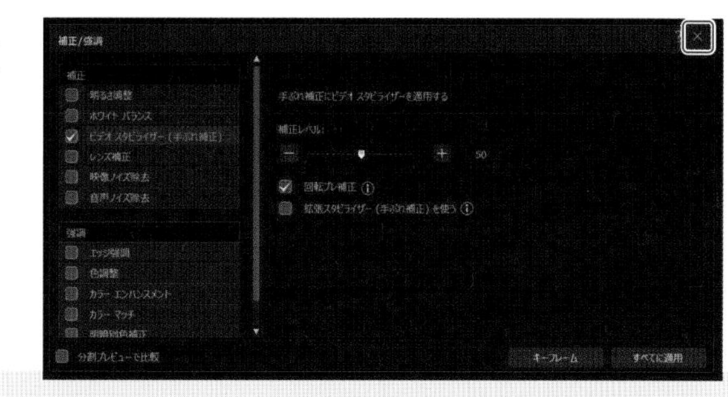

Memo

ビデオ クリップにどのような補正効果が適用されているのかを確認するには、ビデオ クリップ左端の「i」アイコンにマウスポインターを重ねます。ポップアップに補正効果名が表示されます。

ノイズを目立たなくする

ビデオカメラの ISO 感度が高い設定の映像など、細かい不規則なノイズが目立つときは「映像ノイズ除去」で修正しましょう。

ノイズを軽減させたいビデオ クリップを、タイムラインで選択した状態で、「補正 / 強調」ボタンをクリックします。

※ Mac 版には「映像ノイズ除去」機能はありません。

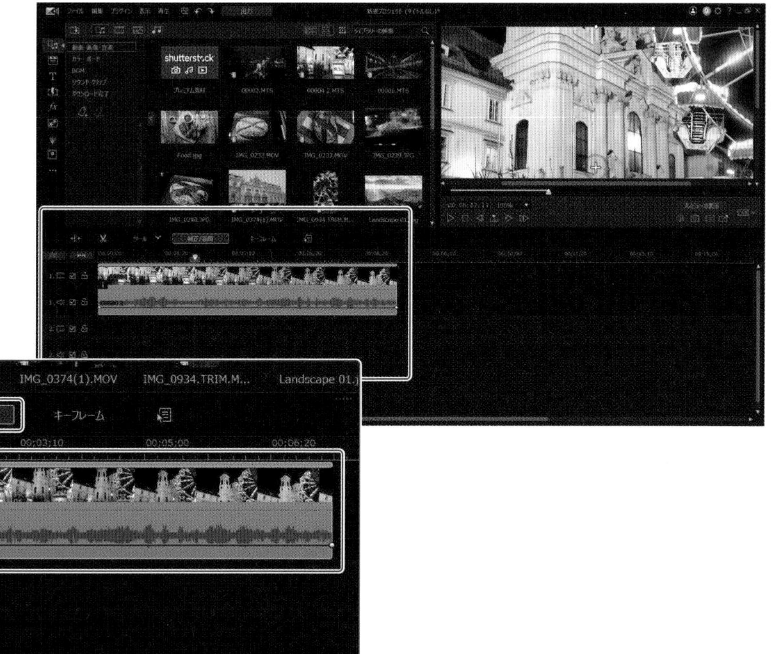

「補正」の「映像ノイズ除去」にチェックを入れます。

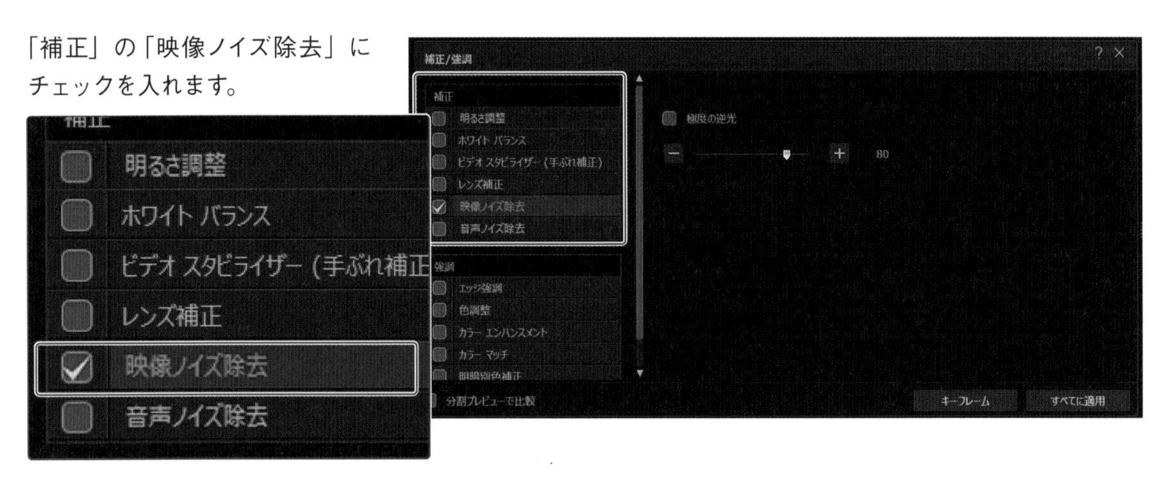

「ノイズ除去レベル」の数値はあらかじめ「50」に設定されていて、ビデオ クリップにノイズを軽減する効果が加えられています。ノイズ除去効果をより強めるには「ノイズ除去レベル」のスライダーを右にドラッグします。

プレビュー ウィンドウの「再生」ボタンをクリックして、ノイズ除去の適用結果を確認して、「閉じる」ボタンをクリックして「補正 / 強調」画面を閉じます。

6-3 映像をくっきり見せる

ピントが甘かったり、解像度の低い映像を拡大したときなど、エッジがぼやけたような映像を、「エッジ強調」によってくっきりと見せたり、コントラストや鮮やかさに乏しい映像は「色調整」で細かく補正をしましょう。

「エッジ強調」を開く

エッジをくっきりさせたいビデオクリップを、タイムラインで選択した状態で「補正 / 強調」ボタンをクリックします。

※ Mac 版には「エッジ強調」機能はありません。

「強調」の「エッジ強調」にチェックを入れます。「エッジ強調レベル」の数値はあらかじめ「50」に設定されていて、ビデオ クリップのオブジェクトのエッジをある程度シャープにする効果が加えられています。

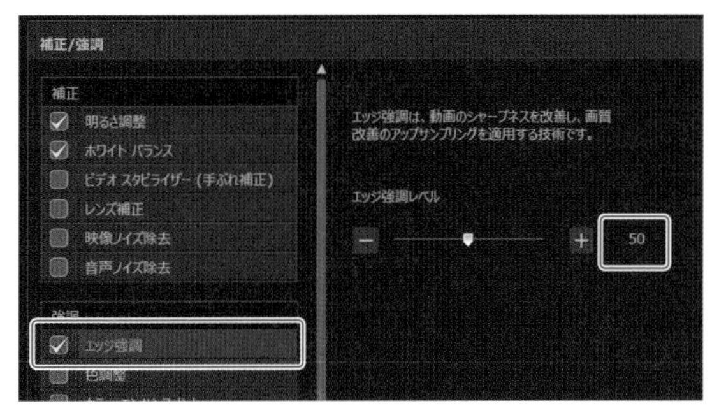

エッジの強調効果をより強めるには「エッジ強調レベル」のスライダーを右にドラッグします。

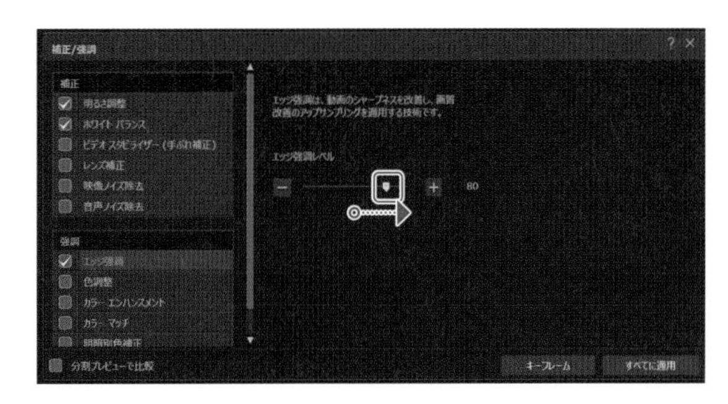

プレビュー ウィンドウの「再生」ボタンをクリックして、シャープさの適用結果を確認して、「閉じる」ボタンをクリックして「補正 / 強調」画面を閉じます。

コントラストや彩度を細かく調整する

ビデオ クリップの明るさ、色、コントラスト、彩度、シャープネスなどをまとめて調整したいときには「強調」の「色調整」が便利です。はじめは多くのコントロールに戸惑いますが、使い慣れてくるとバランスを取りながら細かく調整するのにとても便利です。

調整をしたいビデオ クリップを、タイムラインでクリックして選択して、「補正 / 強調」ボタンをクリックします。

「色調整」のチェックを入れます。9 つのコントロールが開きます。

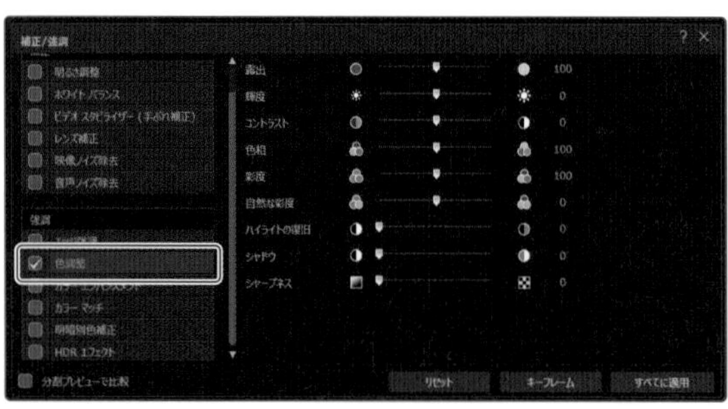

元の映像

コントラストを調整する

ぼんやりした映像のコントラストを高めてはっきり見せます。「コントラスト」のスライダーを右にドラッグすると、明暗の差が強調されます。

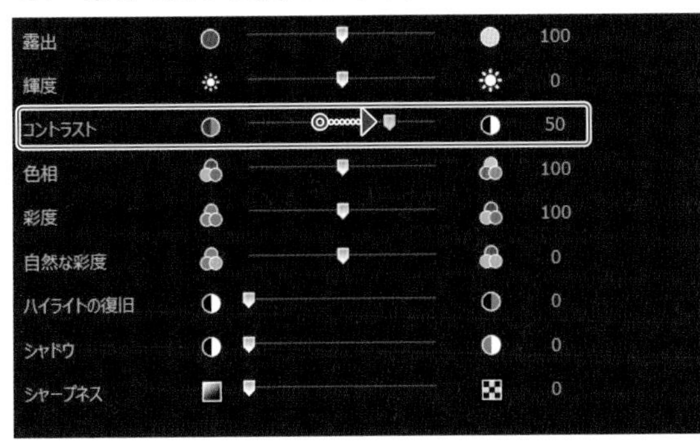

鮮やかさを高める

映像をより鮮やかに見せます。「自然な彩度」のスライダーを右にドラッグすることにより、中間の明るさの鮮やかさを高めます。ここでは少し鮮やかすぎるくらいに設定しています。

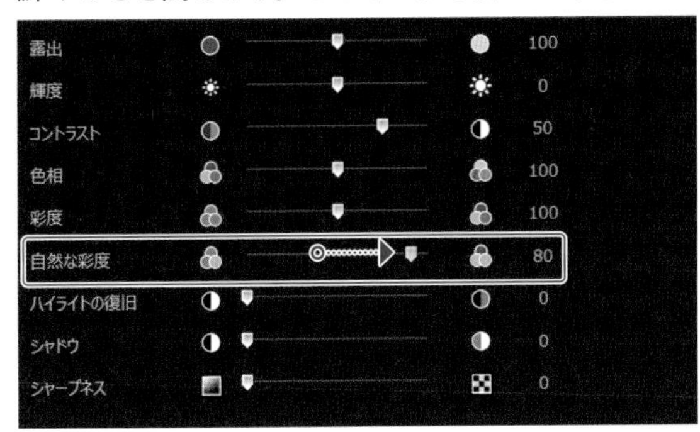

高めの鮮やかさを「彩度」の数値を少し下げることによって、鮮やかさをバランス良く強調します。

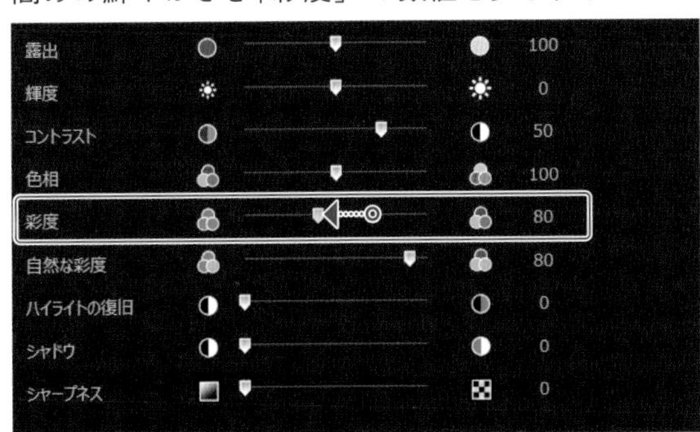

Memo

「彩度」の数値を 0 にするとモノクロの映像になります。

Memo

「彩度」はすべての色を均等に強調したり、脱色したりします。これに対して「自然な彩度」はバランス良く彩度を高めたり弱めたりします。

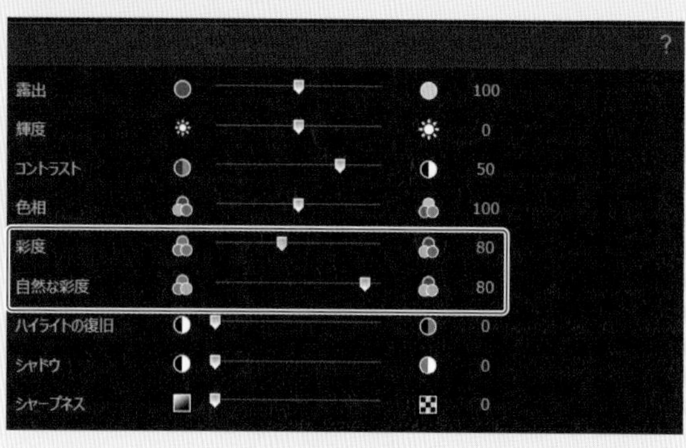

暗い部分を明るくする

コントラストを高めると、映像の暗い部分がより暗く強調されることがあります。「シャドウ」のスライダーを右にドラッグしていくと、暗い部分が明るくなり、詳細が見えるようになります。

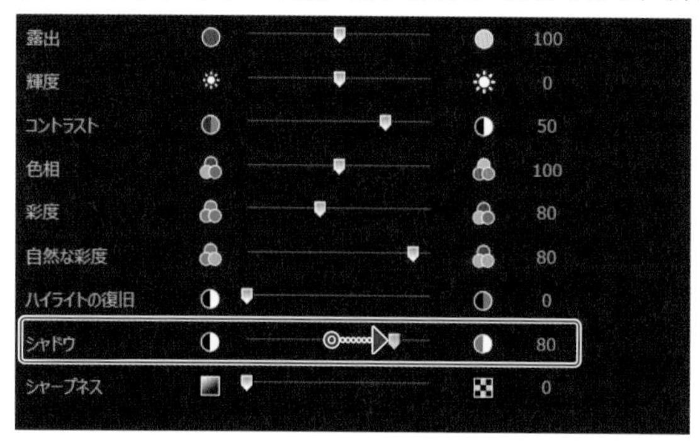

輪郭をくっきり見せる

エッジがあいまいなオブジェクトの輪郭をくっきりと見せます。「シャープネス」のスライダーを右にドラッグします。

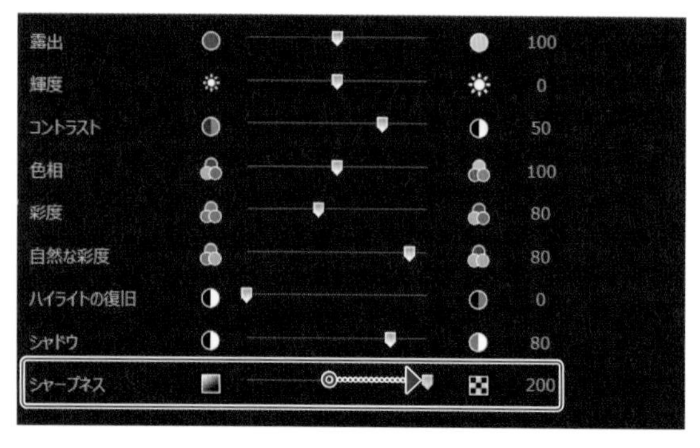

Memo

より輪郭をシャープにするには「エッジ強調」が有効です。

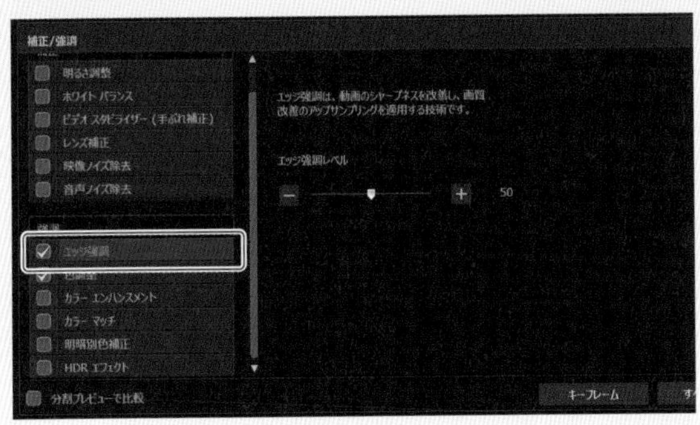

Memo

「色調整」の調整値を元の状態に戻したいときは「リセット」ボタンをクリックします。また「すべてに適用」ボタンをクリックすると、同じトラック上にあるすべてのクリップに同じ調整結果を適用します。

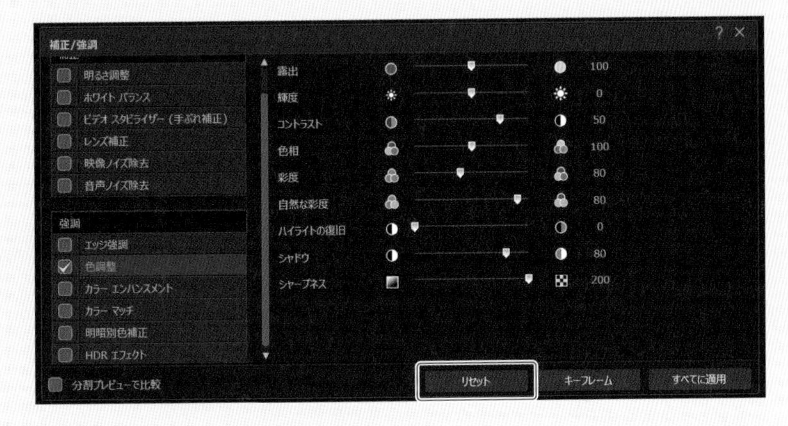

補正前と補正後をプレビューで比較

「補正 / 強調」画面での調整前と調整後を、プレビューを分割して比較してみましょう。

「分割プレビューで比較」にチェックを入れます。

プレビュー画面が左右に分割されます。左側が調整前で、右側が調整後の映像です。「再生」ボタンをクリックして、比較しながら確認します。

左：調整前

右：調整後

「分割プレビューで比較」のチェックを外してから、「補正 / 強調」画面の「閉じる」ボタンをクリックして調整を完了します。

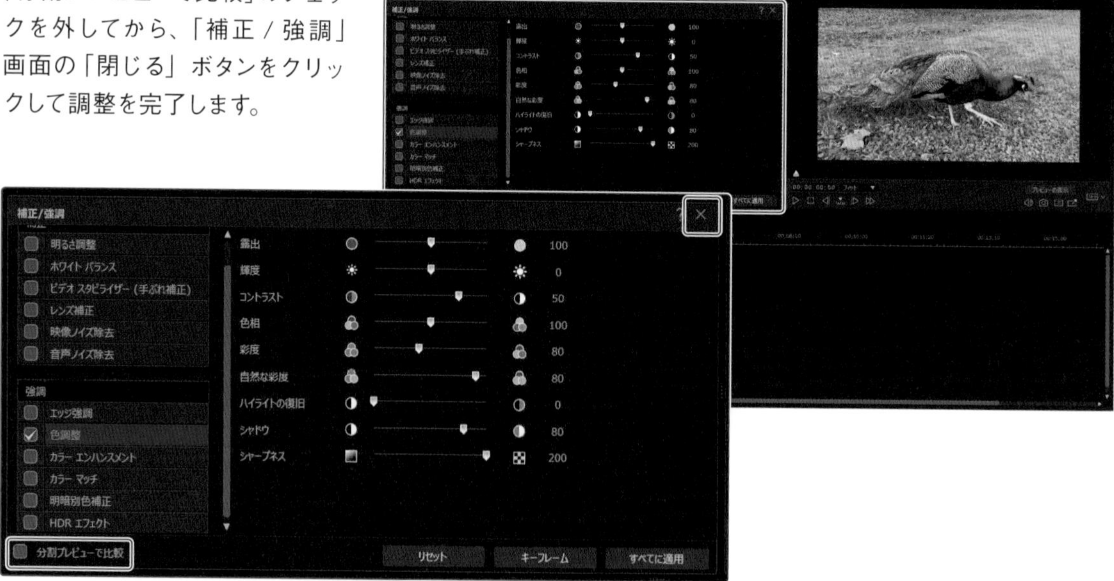

Memo

調整完了後でも、再び「補正 / 強調」画面を開いて、再調整ができます。

7

音楽や音声の編集

7-1 BGMを追加しよう

PowerDirectorに音楽を取り込んで、動画のBGMとして雰囲気を盛り上げましょう。PowerDirectorに用意されている音楽をダウンロードして利用したり、CDなどから音声ファイルを読み込んで利用もできますが、動画を公開することが目的であれば著作権フリーの音楽を利用しましょう。

オーディオ クリップをダウンロードする

ここではPowerDirectorに用意されている音声ファイルを、タイムラインに取り入れてみましょう。はじめに音声ファイルをダウンロードします。

「メディア ルーム」を開き「BGM」を選びます。

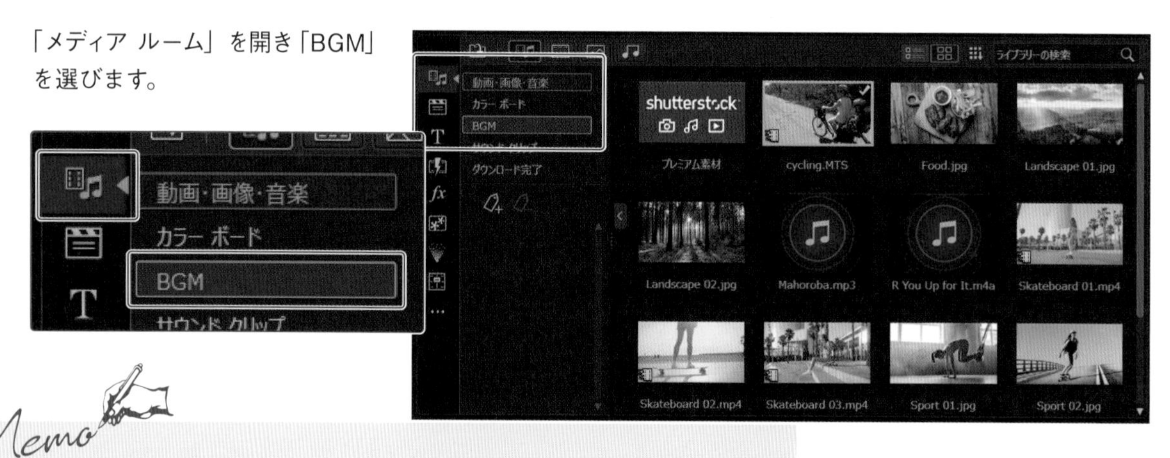

Memo
PowerDirectorに用意されている音声ファイルをダウンロードするには、パソコンがインターネットに接続されていることが必要です。

「カテゴリー」には、演奏形態や、主な演奏楽器名が表記されています。「カテゴリー」をクリックしてジャンルごとに並び替えて絞り込みます。「所要時間」を確認して、取り入れたい音声ファイルをクリックして選択します。

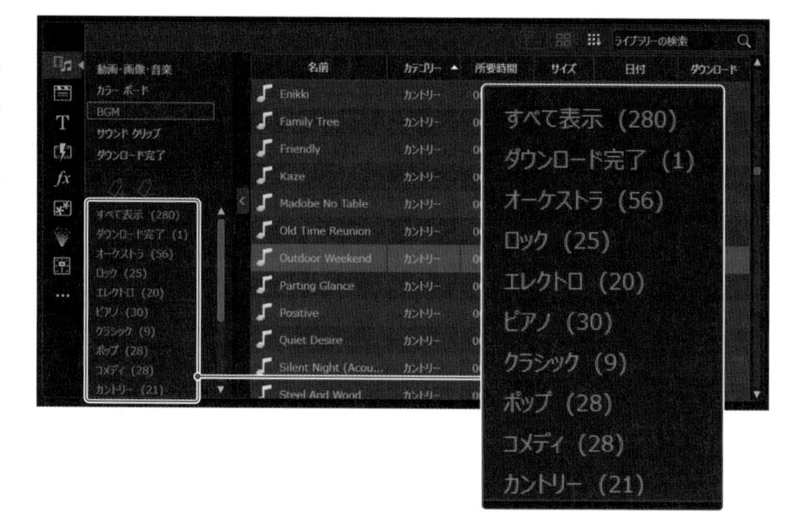

選択した音声ファイルを試聴してみましょう。

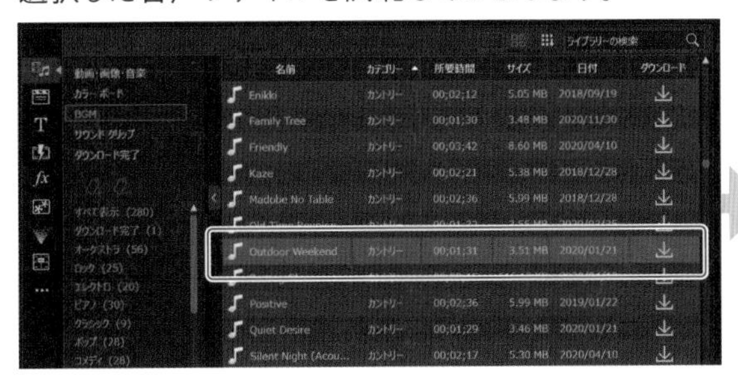

「プレビュー ウィンドウ」の「再生」ボタンをクリックします。約 30 秒間の試聴ができます。

この曲で良ければ右側の「ダウンロード」ボタンをクリックします。

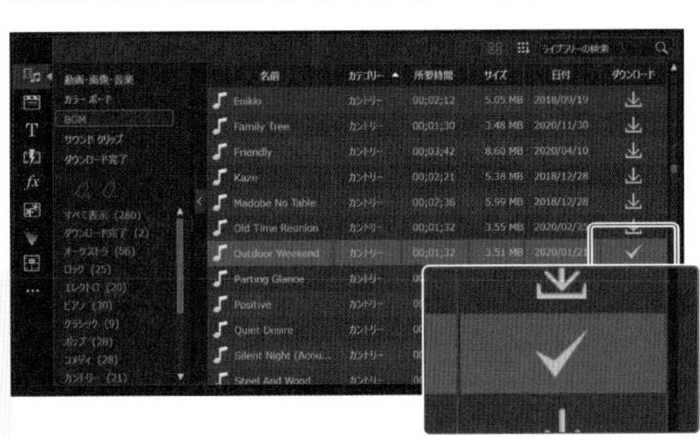

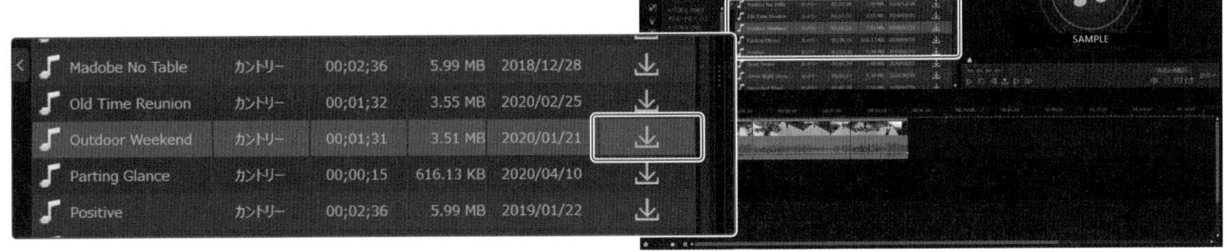

ダウンロードの箇所に「✓」が付き、ダウンロード済みを表しています。

Memo

ダウンロード後に再生すると、曲全体を通して聴くことができます。

「メディア ルーム」の「ダウンロード完了」の「音声のみ」を開くと、ダウンロードしたオーディオ クリップが追加されています。

オーディオ クリップをタイムラインに追加する

オーディオ クリップをタイムラインに追加します。

ダウンロード済みのオーディオ クリップを、「2. オーディオ トラック」にドラッグ&ドロップします。ここではトラックの先頭にオーディオ クリップを合わせて配置します。

オーディオ クリップがタイムラインに配置されました。「再生」ボタンをクリックして、BGMとして雰囲気が合っているかどうかを確認しましょう。

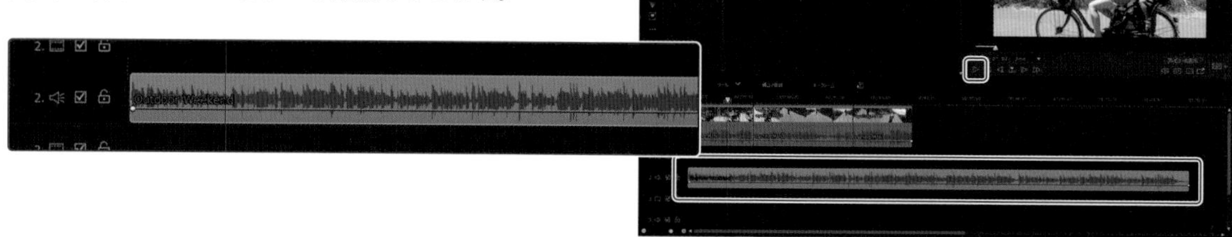

CDから音楽ファイルを取り込む

個人で楽しむ目的に限られますが、音楽CDからBGMとして曲を取り込めます。くれぐれも著作権フリー以外の音楽を使用した動画の公開は違法ですので遵守してください。

パソコンのディスクドライブもしくは外付けのディスクドライブを接続して、取り込みたい曲のCDディスクをドライブにセットします。「ファイル」メニューから「取り込み」を選びます。

「取り込み」画面が開きます。「CDから取り込み」ボタンをクリックします。また音楽ファイルを取り込むフォルダーを確認し、必要に応じて「フォルダーの変更」ボタンをクリックして保存先を指定します。

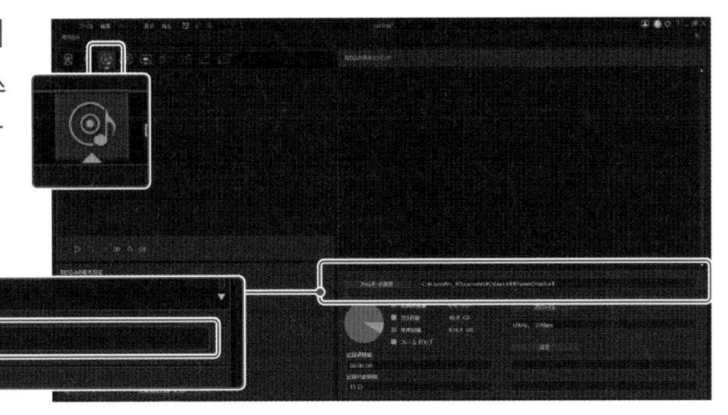

「トラック」の下のボックスをクリックします。CDに収録されている曲のトラック一覧がポップアップされるので、取り込みたい曲のトラックを選択します。

Track01.cda 4:33
Track02.cda 5:56
Track03.cda 4:50
Track04.cda 4:36
Track05.cda 6:16
Track06.cda 3:11
Track07.cda 5:07
Track08.cda 5:00
Track01.cda 4:33

「録画」ボタンをクリックすると、取り込みが開始します。「録画」ボタンがゆっくりと点滅していれば取り込み中です。

しばらく待ち、取り込みが終了すると、ダイアログボックスが表示されます。取り込んだ音楽ファイル名を入力して、「OK」ボタンをクリックします。

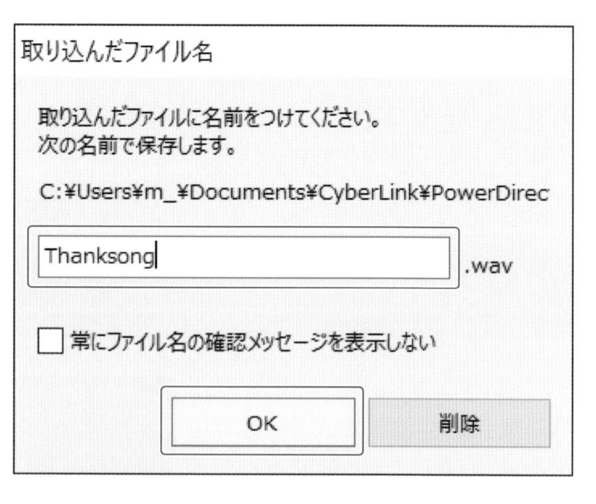

「取り込み済みコンテンツ」に、取り込んで名前を付けた音楽ファイルが追加されています。「取り込み」の「閉じる」ボタンをクリックして画面を閉じます。

「メディア ルーム」のライブラリーにもオーディオ クリップとして追加されています。このサムネイルをタイムラインのオーディオ トラックにドラッグ&ドロップして利用します。

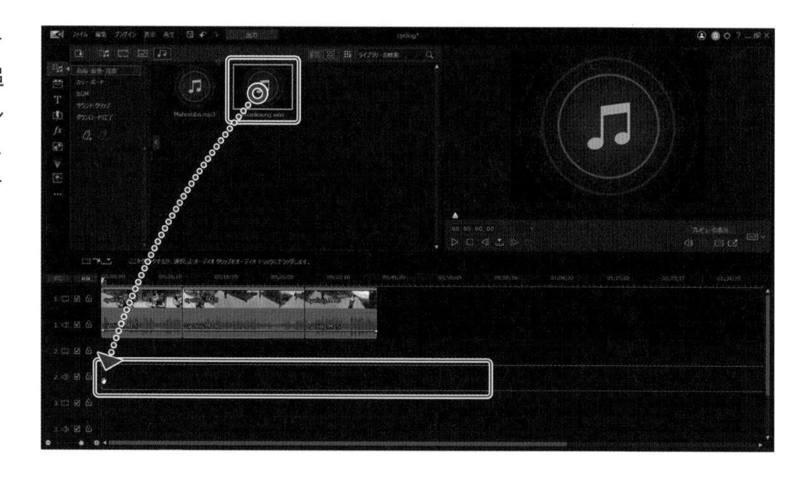

Memo

取り込んだ後でCDを取り出します。このときに「一部のメディア ファイルは…タイムラインおよび メディア ライブラリーから削除されます」と表示されることがありますが、取り込んだ音楽ファイルは指定したフォルダーに保存されています。「OK」をクリックしてダイアログボックスを閉じます。

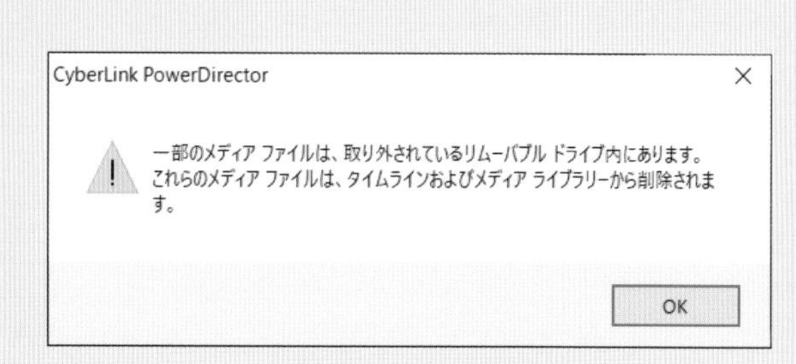

BGMの音量を調整する

BGMの音量が大きい、または小さいと感じた場合は、音量を調整します。

BGMのオーディオ クリップをクリックして選択して、クリップ上の横線にマウスポインターを重ねると、上下の矢印に変わります。

横線を上にドラッグすると音量が大きくなり、下にドラッグすると小さくなります。再生をして確認してみましょう。

Memo

オーディオ クリップの音量を調整した後で、元の音量に戻すには、オーディオ クリップを右クリックして「元の音量レベルに戻す」を選びます。

BGM の再生時間を短くする

BGM の再生時間をビデオ クリップ全体の長さに合わせて短くします。

BGM のオーディオ クリップをクリックして選択して、クリップの右端にマウスポインターを重ねます。左右の矢印に変わります。

右端を左にドラッグしていき、ビデオ クリップの右端に合わせます。縦に青い線が表示され、ビデオ クリップと右端が合ったタイミングでマウスボタンを離します。

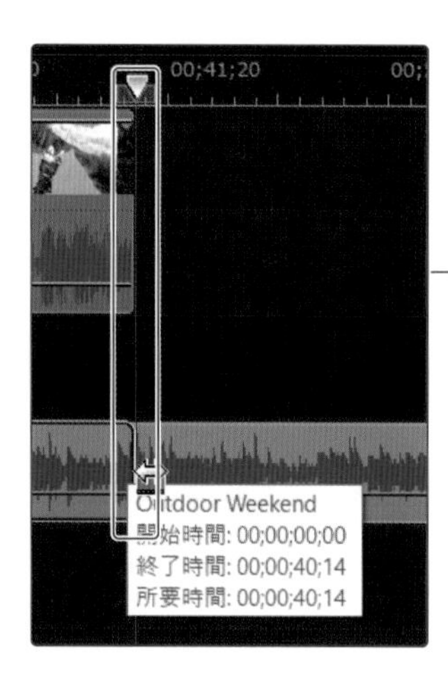

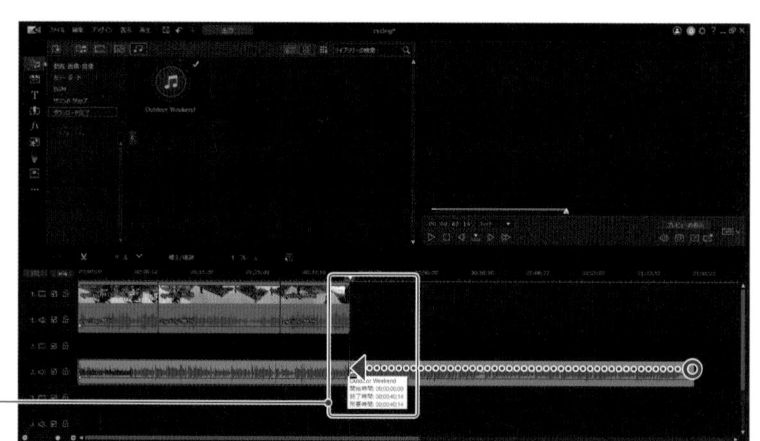

オーディオ クリップが短くなりました。

BGM のフェードイン・フェードアウトを設定する

BGM の始まりの音を徐々に大きくする「フェードイン」や、終わりの音を徐々に小さくする「フェードアウト」の効果を加えてみましょう。

効果を加えたい BGM のオーディオ クリップをクリックして選択して、「音声ミキシング ルーム」ボタンをクリックします。

ここで BGM のフェード インを設定してみましょう。横に「音声 1」「音声 2」というように、オーディオトラックごとにコントロールが表示されます。ここでは「2. オーディオ トラック」の BGM を調整するので「音声 2」の左下の「フェード イン」ボタンをクリックします。

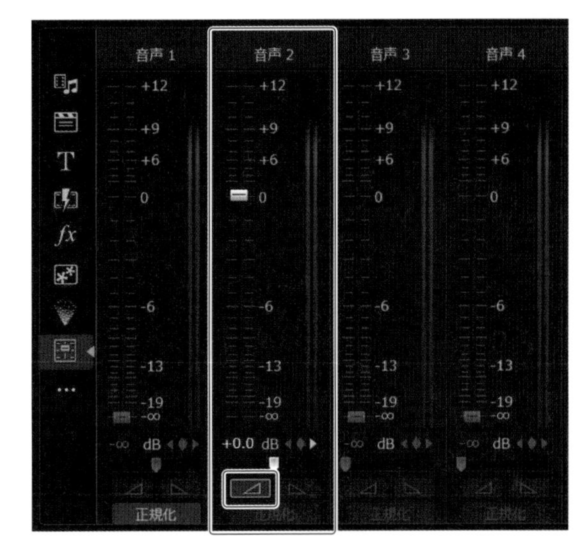

「再生」ボタンをクリックして確認します。

BGM のフェード アウトも設定します。「タイムライン スライダー」を BGM の終わり近くまでドラッグして、徐々に BGM が小さくなり始めるフェード アウトの開始位置に設定します。「音声 2」の右下の「フェード アウト」ボタンをクリックします。

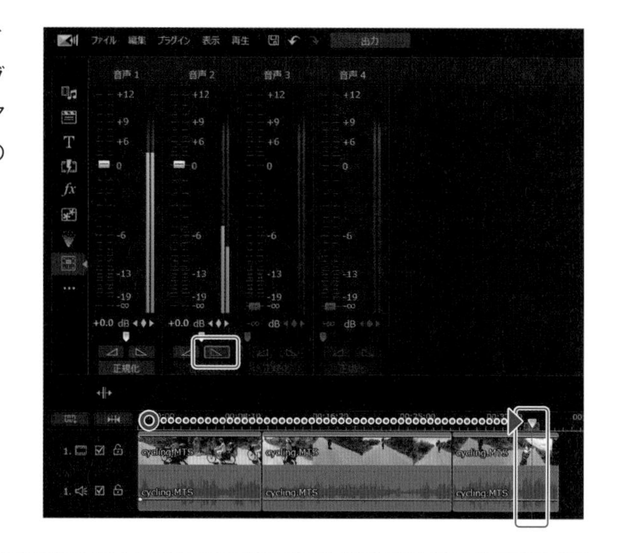

タイムラインのオーディオ クリップに、フェード イン・フェード アウトの位置（音量のキーフレーム）が設定されました。

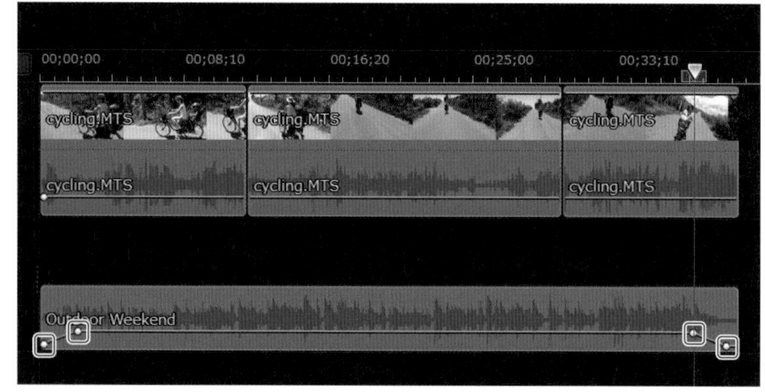

BGM のフェードイン・フェードアウトを調整する

オーディオ クリップに設定した「フェード イン」の「フェード アウト」の位置を調整します。

調整したいオーディオ クリップをクリックして選択して、はじめにフェード インの終了位置を調整しますオーディオ クリップの横線上にある左から２つめのキーフレームにマウスポインターを重ねると、赤い点に変わります。

ポップアップされた音量の数値が変動しないように、右にドラッグするとフェード インするまでの間隔が延びます。左にドラッグするとフェード インの間隔が狭まります。

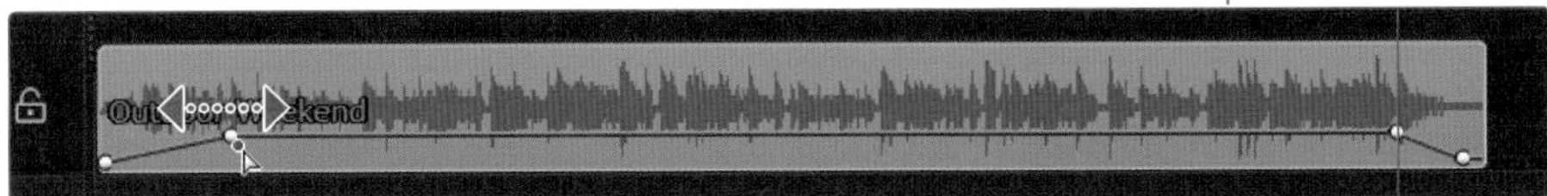

フェード アウトの開始位置も同じように赤い点の状態で左右にドラッグして調整します。

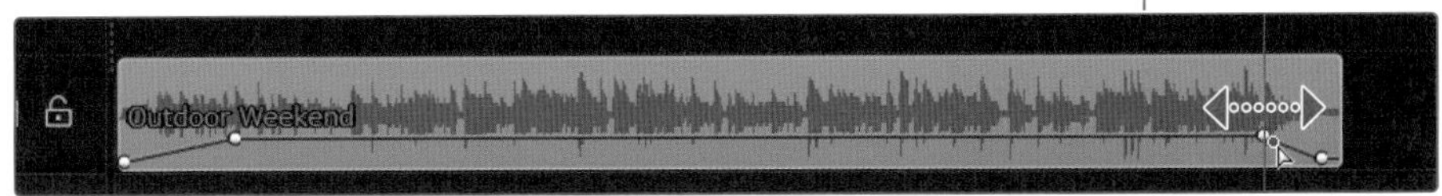

フェード アウトの終了位置は、オーディオ クリップの終わりの右下端にドラッグして合わせます。

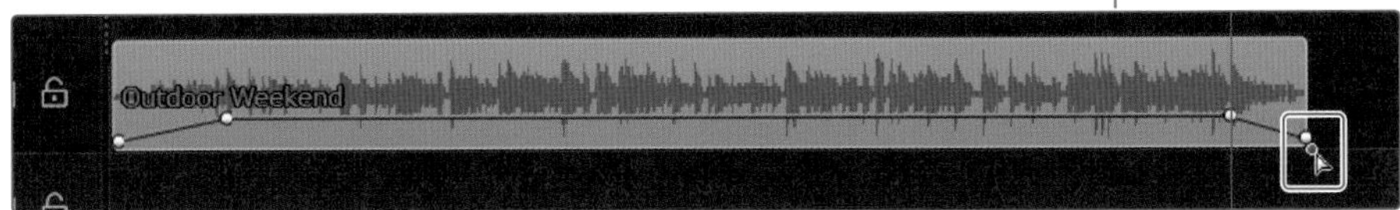

7-2 元の動画音声を調整しよう

ビデオ クリップには元の音声が含まれています。この音声を無音化したり、音声を聞こえやすくしたり、BGM との音量のバランスを整えたりすることができます。

元の動画を無音にする

元の動画の音声をミュートさせて全体を通してBGMを流したいというときなどには、無音にしたいビデオ クリップの直下のオーディオ トラックのチェックボックスをクリックします。

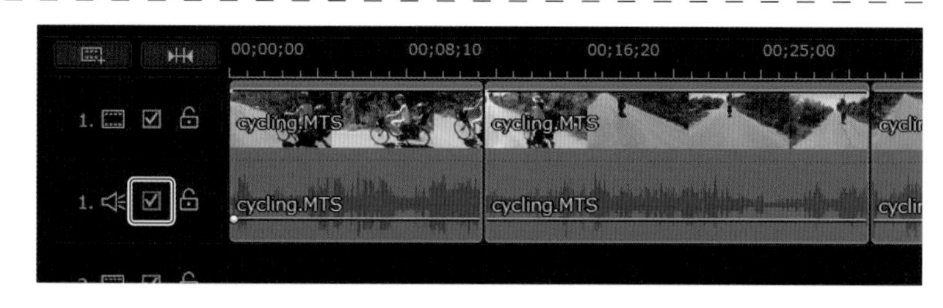

チェックを外したオーディオ トラックは動画全体を通して無音になります。チェックを入れると音声が有効になります。

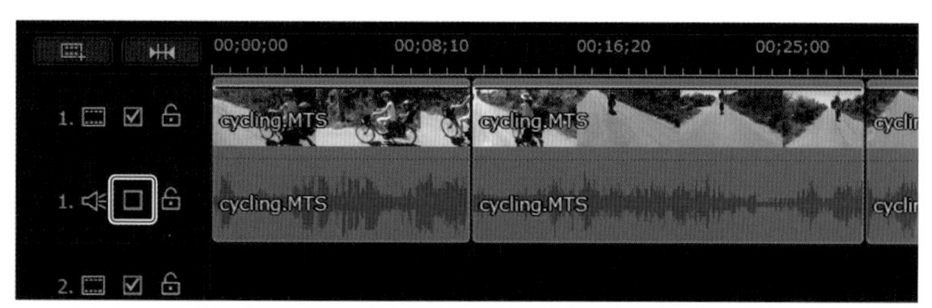

Memo

同じトラックに並んでいる特定のオーディオ クリップのみ無音にしたいときには、クリップを右クリックして「ミュート（クリップ）」を選びます。

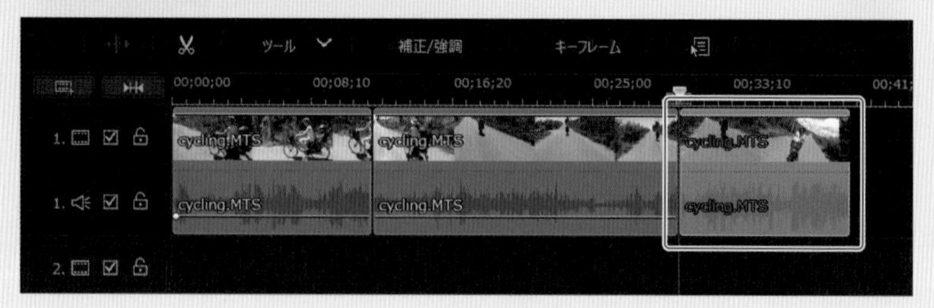

元の動画音声の音量を調整する

ビデオ クリップに付随している元の音声の音量を小さくしたり大きくしたり、調整することができます。

「音声ミキシング ルーム」をクリックして開きます。

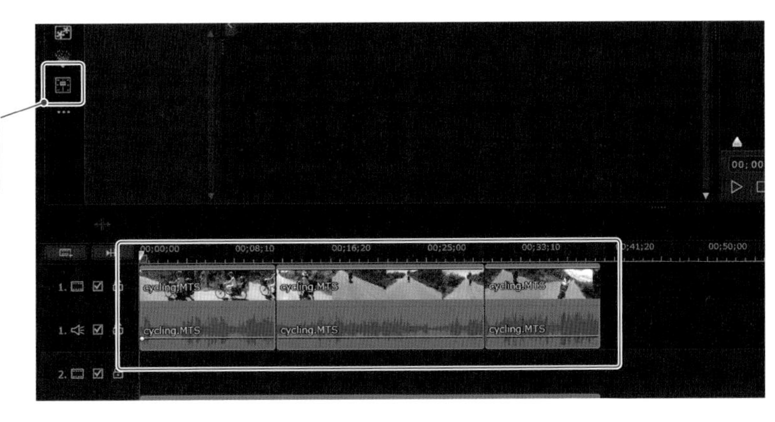

ここでは「1. ビデオ トラック」のオーディオ トラック全体の音量を調整します。「音声 1」の下にある「トラック音量（音声）」のスライダーを左にドラッグすると音量が小さくなり、右にドラッグすると大きくなります。

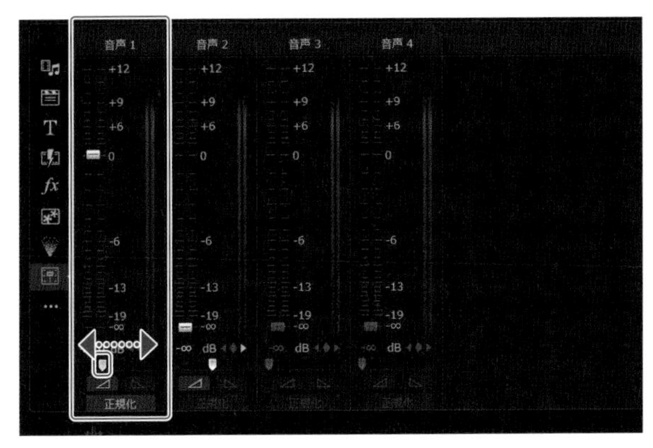

同時にタイムラインの音声の横線が上下に移動します。

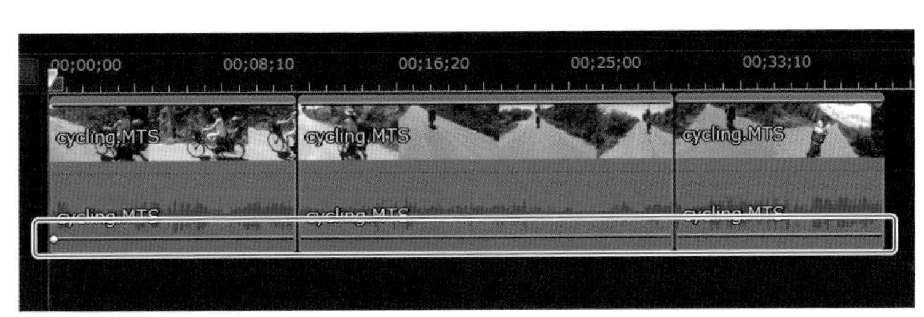

Memo

特定の箇所の音量を指定したいときには、タイムライン スライダーを該当する箇所に配置して「音声ミキシング ルーム」の「動画音量」コントロールを上下にドラッグして音量を調整します。オーディオ クリップの音量を調整した箇所にキーフレームが追加されます。

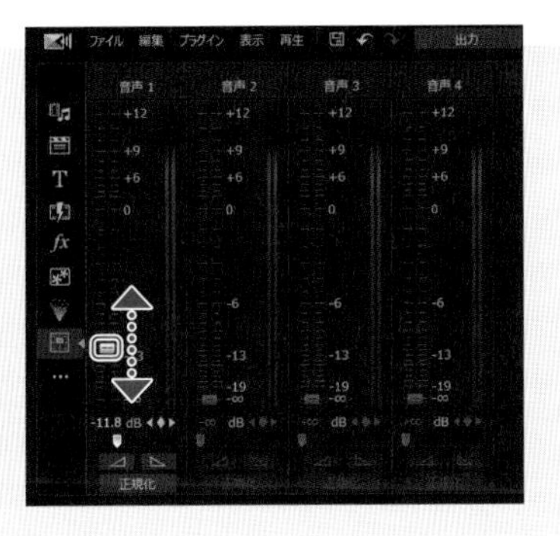

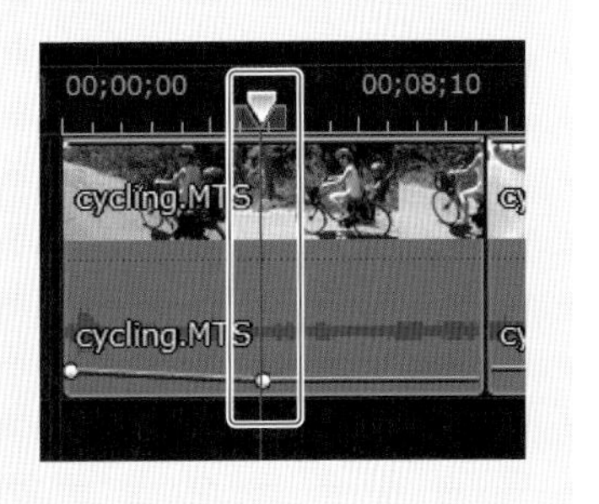

クリップごとに音量を調整する

ビデオ クリップの元の音声の大小を、クリップごとに変えたいときはまず、調整したいクリップをクリックして選択します。

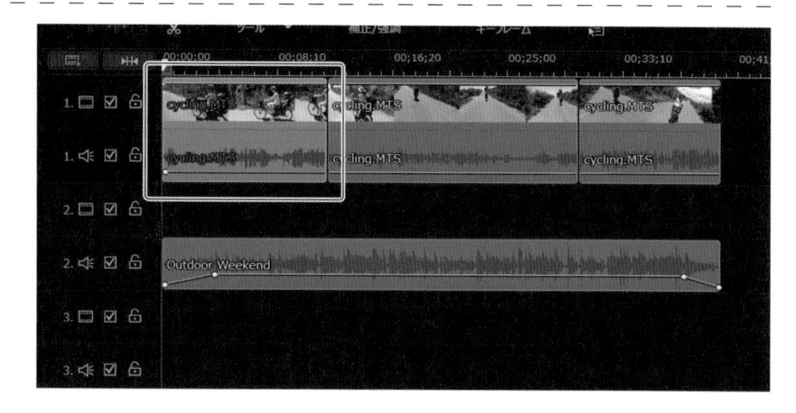

クリップのオーディオ トラックにある音声の横線を、上にドラッグすると音量が大きくなり、下にドラッグすると小さくなります。

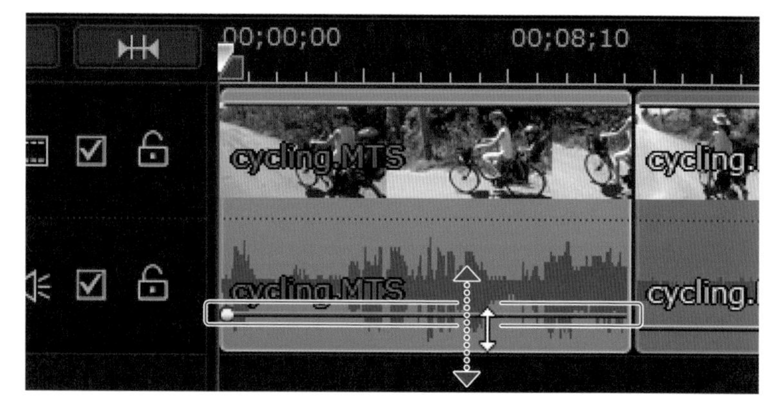

元の動画音声と BGM を最適ミキシング

元の動画音声の起伏に合わせて、BGM の音量を自動的に上げ下げして適用することができます。

音量を自動調整したい BGM のオーディオ クリップをクリックして選択します。「ツール」ボタンをクリックして「オーディオ ダッキング」を選びます。

「オーディオ ダッキング」画面では、必要に応じて調整をします。

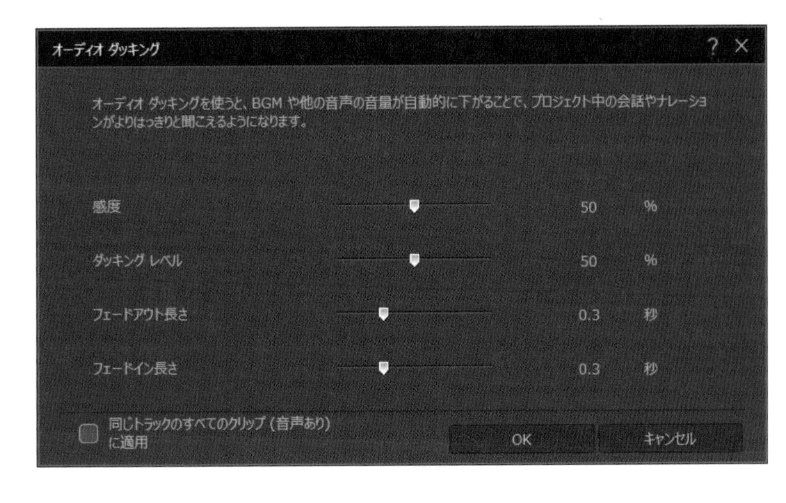

感度

数値を上げると、BGM 以外の音声や会話のオーディオ クリップの音量を検出しやすくなります。

ダッキング レベル

数値を上げると、選択している BGM のオーディオ クリップの音量が大きくなります。

フェードアウト長さ

選択している BGM のオーディオ クリップの音量を、音声や会話の起伏に合わせてフェードアウトする時間を設定します。

フェードイン長さ

選択している BGM のオーディオ クリップの音量を、音声や会話の起伏に合わせてフェードインする時間を設定します。

同じトラックのすべての（音声あり）に適用

選択しているオーディオ トラックに配置されているすべてのオーディオ クリップにオーディオ ダッキングを適用します。

「OK」をクリックして適用します。

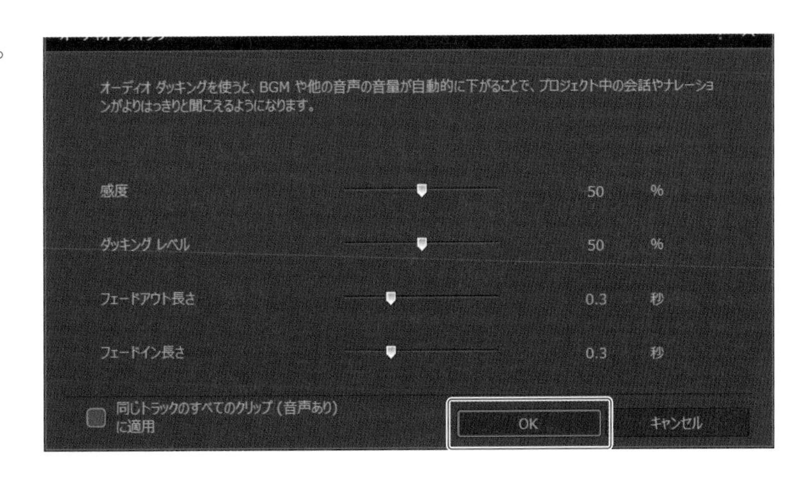

BGM のオーディオ クリップの横線に、音声や会話の起伏に合わせてキーフレームが追加され、BGM の音声が自動的に上下します。

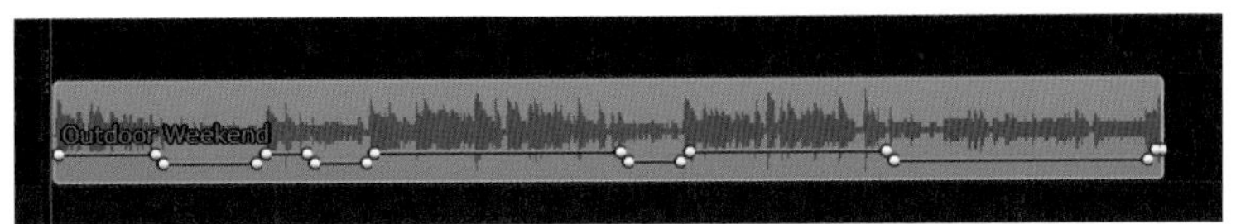

Memo

「音声ミキシング」でフェード イン、フェード アウトの設定をしていた場合は破棄されて、オーディオ ダッキング効果が適用されます。

7-3 ナレーションを付けよう

ある程度動画作品の構成が整ったところで、動画にナレーションを付けましょう。動画を再生しながら録音をすると、オーディオ トラックに新しいクリップとして追加されます。あらかじめ台詞や台本を用意しておくと、スムーズに収録ができます。

ナレーション ルームの設定

PowerDirector でナレーションを録音するには、パソコン内蔵のマイクを使用するか、あらかじめパソコンにマイクを接続しておきます。ナレーションを開始したい位置にタイムライン スライダーをドラッグしてから、「…」ボタンをクリックして「ナレーション ルーム」をクリックします。

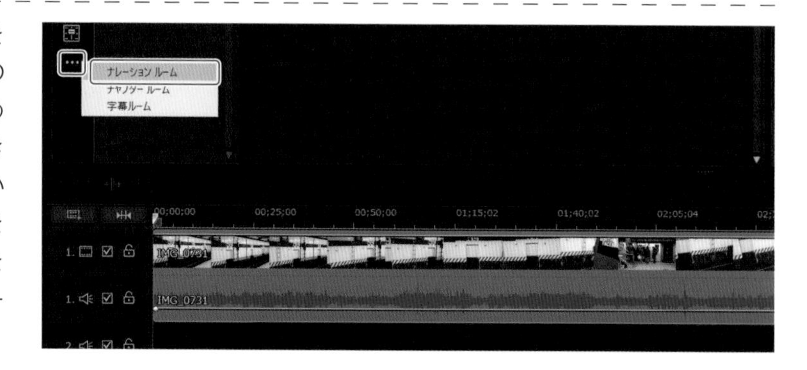

録音を開始する前に「ナレーション ルーム」画面が開きます。各種設定を確認しておきましょう。

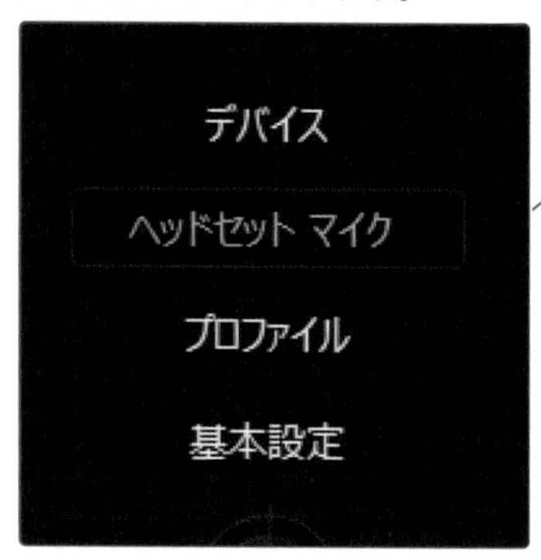

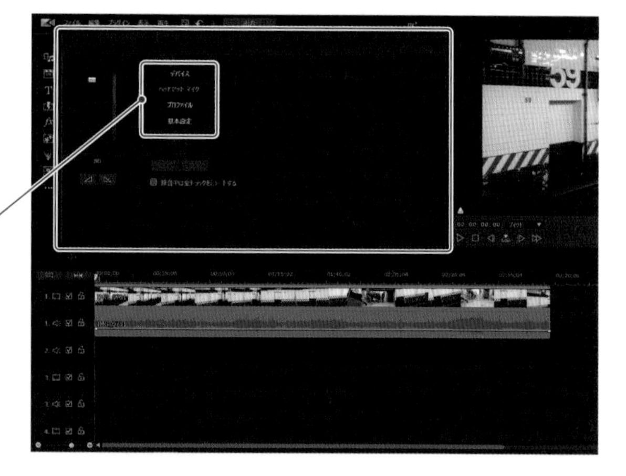

デバイス

「音声の設定」画面で「音声デバイス」で録音するマイクの種類を選びます。

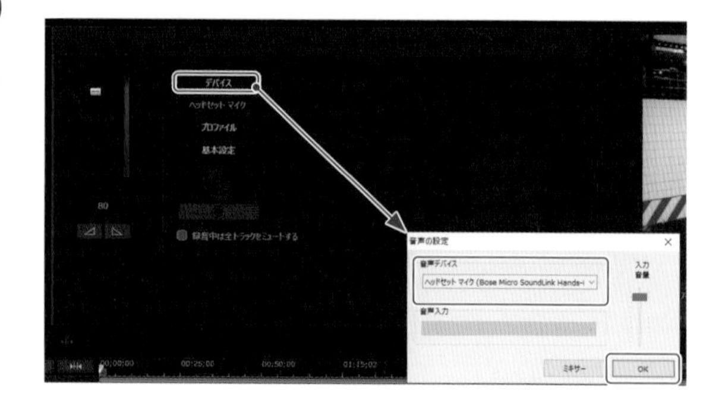

プロファイル

「画質 / 音質プロファイルの設定」画面の「属性」で録音の音質を選びます。

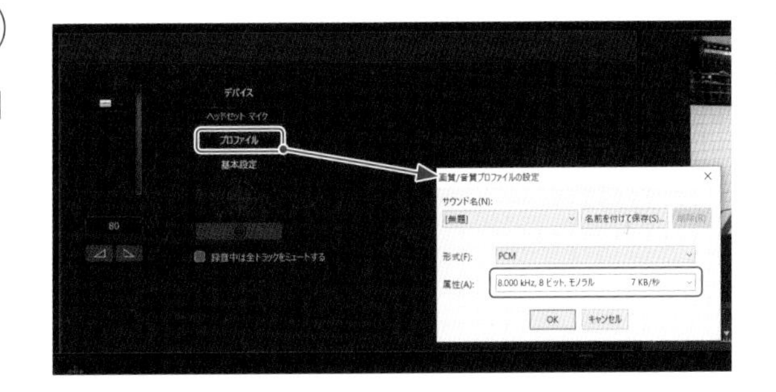

基本設定

「録音の基本設定」画面では録音の制限時間を設定したり、深呼吸してから録音したい場合など前もって 3 秒カウントしてからスタートする設定をしたり、ナレーションの音声にフェードインやフェードアウトを加える設定をしたりします。

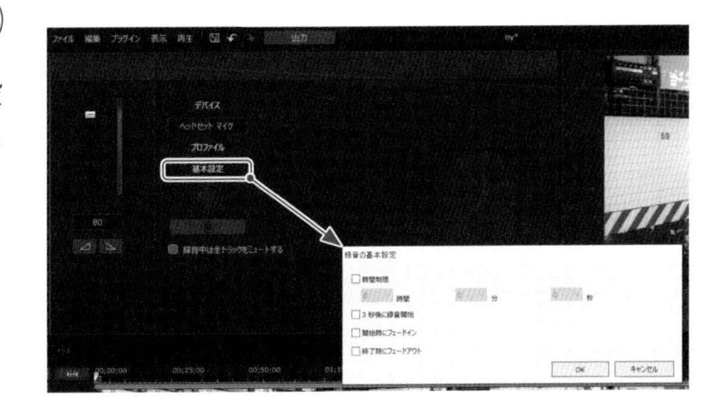

録音中は全トラックをミュートする

チェックを入れるとナレーションの録音中は、ビデオ クリップの音声や BGM などのオーディオ トラック音が無音になります。

音声の録音音量を設定をする

録音前にマイクに向かってナレーションのテストをします。

音量レベルのインジケーターが反応して、レベルが緑色の範囲に収まるように「入力音量」のスライダーをドラッグして調整します。黄色や赤のレベルに触れるようであれば、スライダーを下げます。

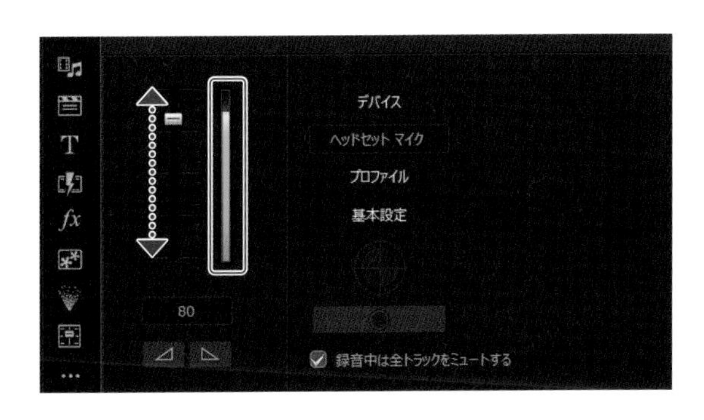

ナレーションを録音する

「録音」ボタンをクリックします。

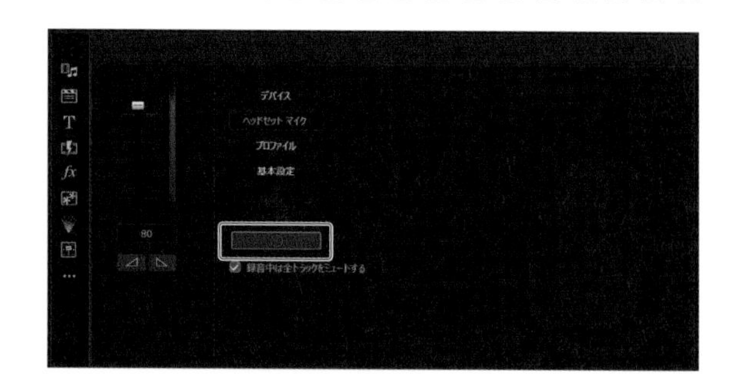

「ナレーション録音」画面が開き、どのトラックにナレーションのサウンド クリップを追加するかを問われます。

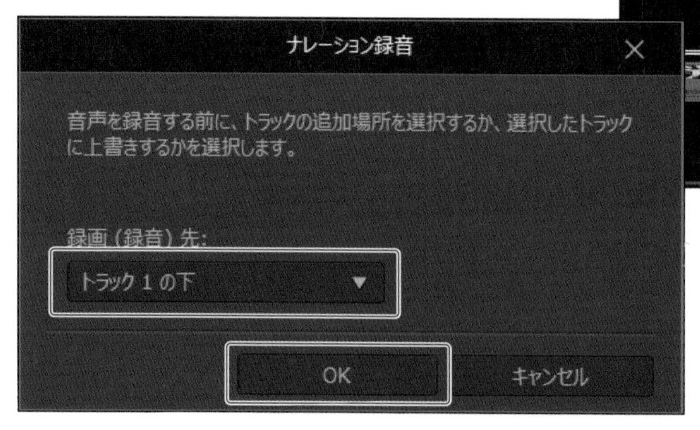

「録画（録音）先」の下のボックスをクリックして一覧からいずれかの項目を選び、「OK」をクリックして閉じます。

録音が開始します。録音中は が点滅しています。プレビュー ウィンドウの映像に合わせてマイクに向かってナレーションを読み上げます。録音は途中で切って、後から追加することもできます。長くなりすぎないように適当な箇所で の「停止」ボタンをクリックして停止します。

すると選択したオーディオ トラックに、ナレーションのオーディオ クリップが追加されます。プレビュー ウィンドウの「停止」ボタンをクリックして最初に戻してから、「再生」ボタンをクリックして、映像とナレーションのタイミングが合っているかどうかを確認してみましょう。

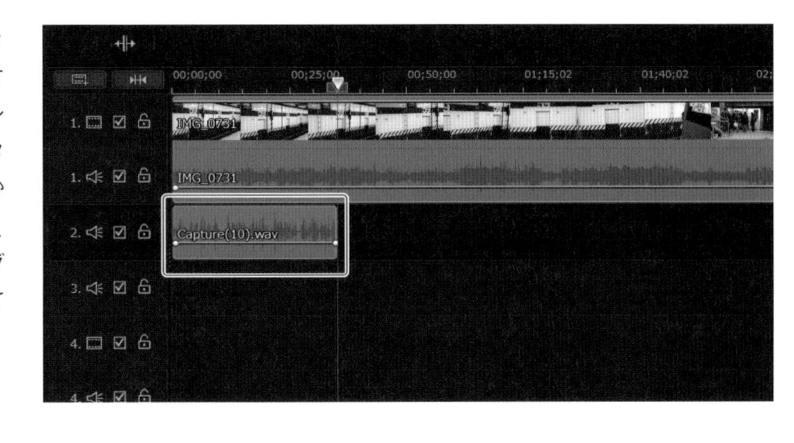

Memo

録音を停止した位置にタイムライン スライダーを配置して、ナレーションの録音を再開すれば、オーディオ クリップを追加できます。

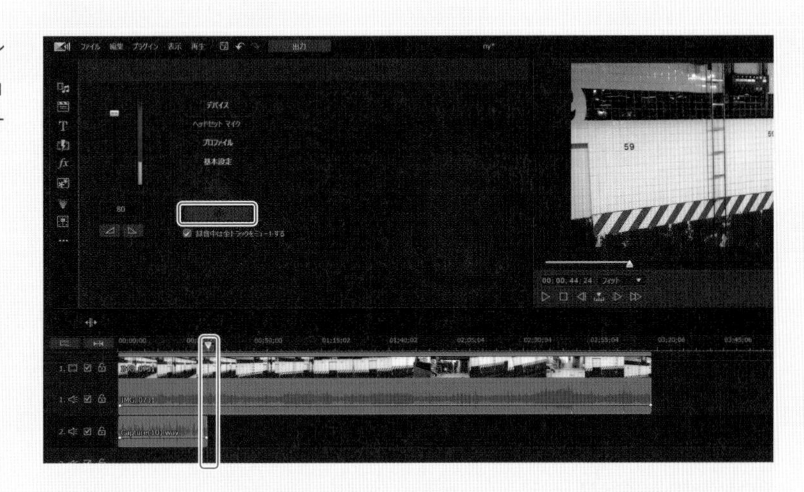

録音が完了後、「メディア ルーム」に戻ると、「Capture」という名前の付いたオーディオ クリップが追加されています。

動画・画像・音楽
カラー ボード
BGM
サウンド クリップ
ダウンロード完了
Capture(10).wav
Capture(11).wav

Memo

録音したナレーションは、他のオーディオ クリップと同じように編集できます。

7-4 音声の雑音を目立たなくする

元の動画の音声やナレーションの録音時など環境のちょっとした雑音や、パソコンの「ジー」といった音などが混じることがあります。このような気になるノイズ音を軽減する方法が 2 通りあります。

音声ノイズ除去

背景音のノイズや風の音、カチカチ音を軽減する方法です。

音声ノイズを修正したいクリップをクリックして選択して、「補正 / 強調」ボタンをクリックします。

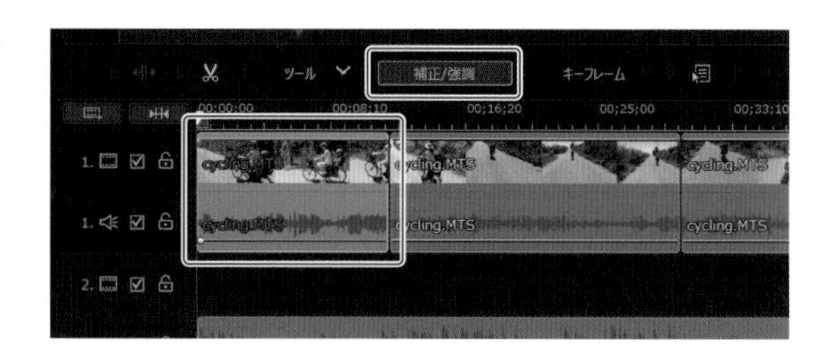

「補正」の「音声ノイズ除去」にチェックを入れます。「ノイズの種類」の下のボックスをクリックして開き、相当するノイズ音の種類を選びます。

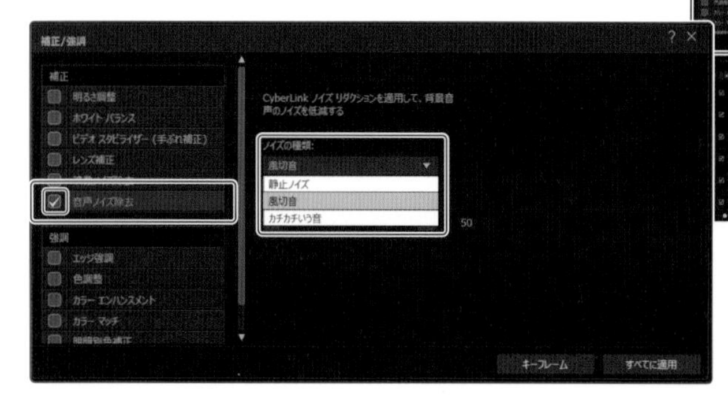

※ Mac 版には「カチカチいう音」のノイズ除去はありません。

ノイズ除去の適用量を「レベル」のスライダーで調整します。ノイズ音が大きい場合は右にドラッグして数値を高めます。

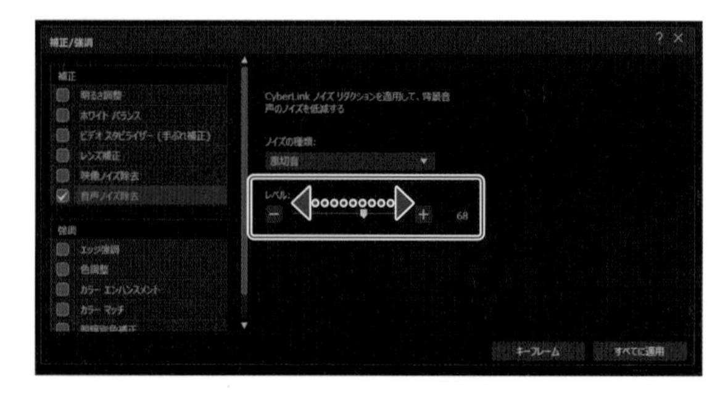

「プレビュー ウィンドウ」の「再生」ボタンをクリックしてノイズ音が軽減したかどうかを確認します。

再生しながらノイズの軽減を調整する

再生中にノイズ音の軽減を確認しながら調整します。

音声ノイズを修正したいクリップをクリックして選択して、「ツール」ボタンをクリックします。

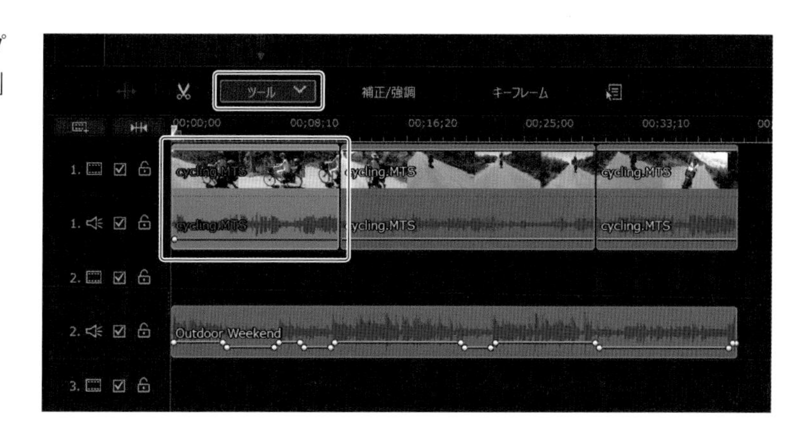

ドロップダウンから「オーディオ エディター」を選びます。

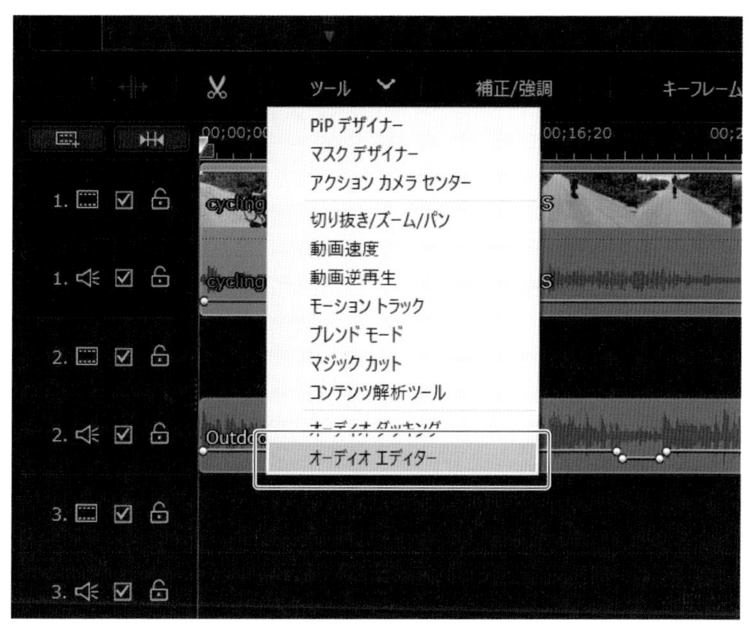

※ Mac 版には「オーディオ エディター」はありません。

「スペシャル」にある「ノイズ リダクション」を選ぶと、調整画面が開きます。

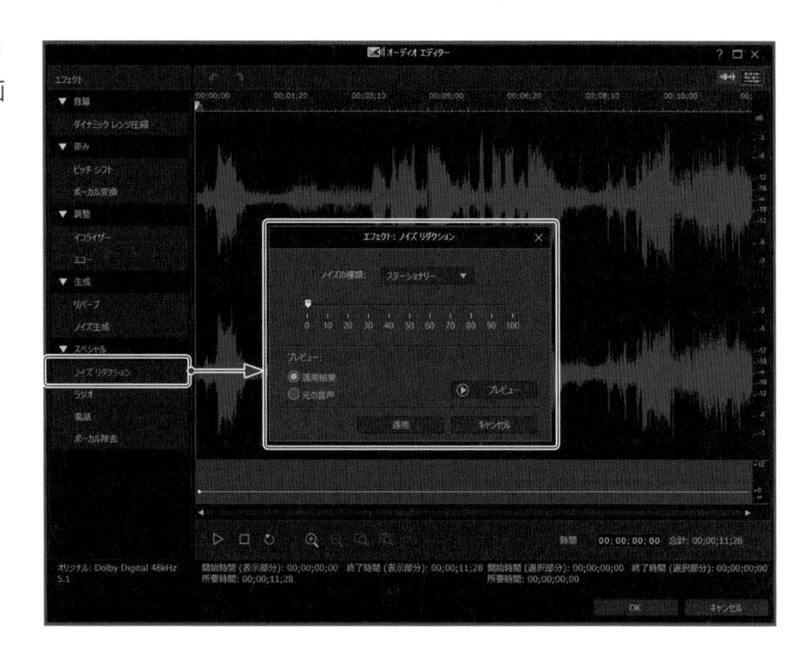

「ノイズの種類」から相当するノイズ音の種類を選びます。

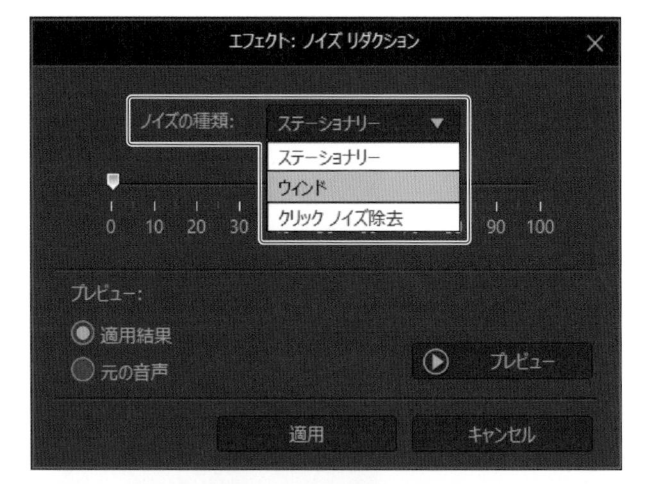

「プレビュー」で「適用結果」を選び、右の「プレビュー」ボタンをクリックして、音声の再生をします。

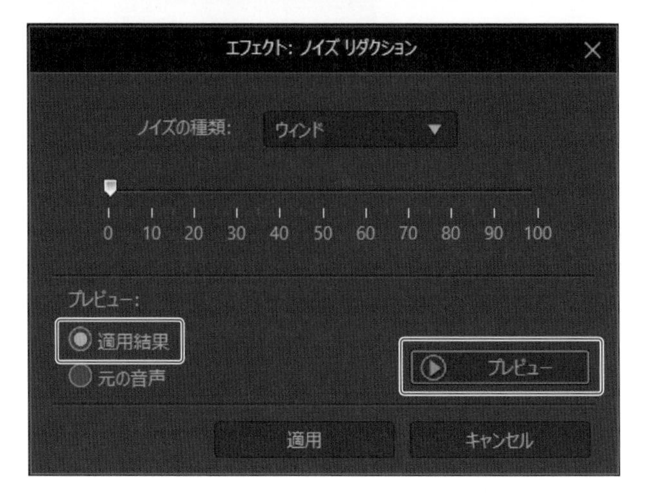

ノイズ音を軽減する量をスライダーで調整します。右にドラッグして数値を高めるとノイズ音が減ります。元の音声が聞き取りにくくならない程度に設定します。

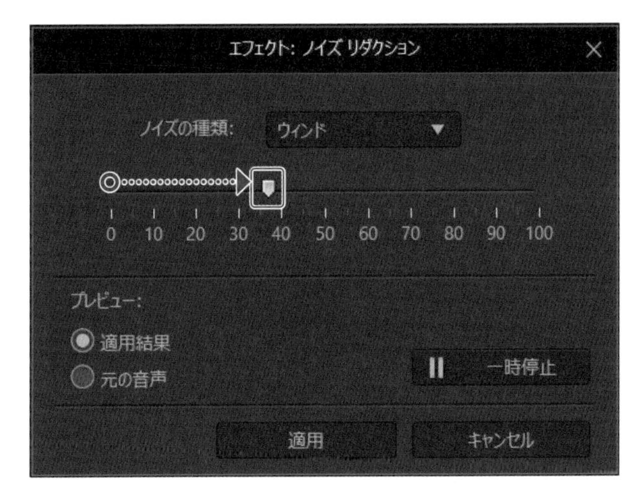

「一時停止」ボタンをクリックして停止後、「適用」ボタンをクリックして調整画面を閉じます。

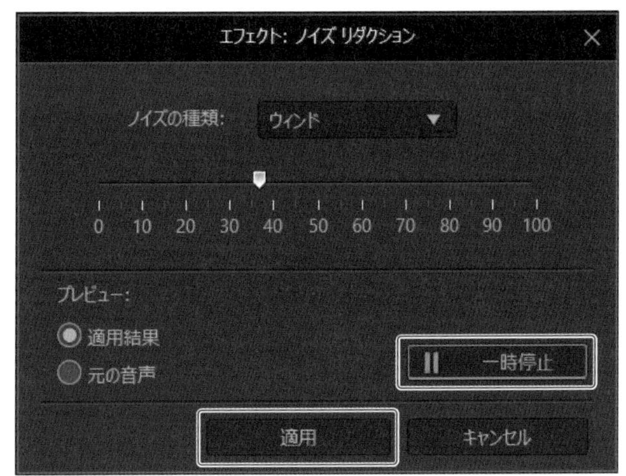

「オーディオ エディター」の「OK」をクリックして画面を閉じます。

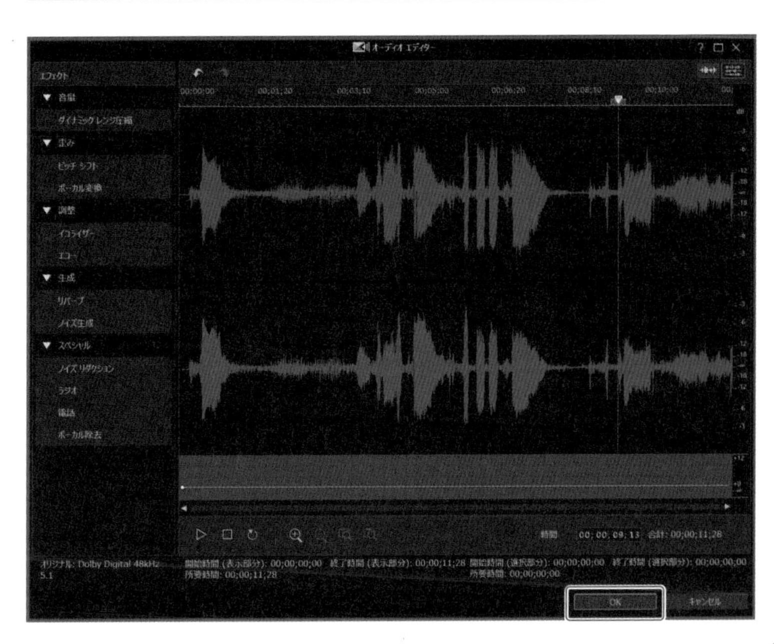

column

「ボーカル除去」で練習用のカラオケを作ろう

「オーディオ エディター」の「ボーカル除去」を使うと、ステレオ音楽ファイルのボーカル部分をある程度除去できます。

※曲によってはうまく除去できない場合もあります。より本格的なボーカル除去をするには、高性能なオーディオ編集ソフトの「AudioDirector」（別売り）を使用してください。

カラオケにしたい楽曲のオーディオ クリップをタイムラインにドラッグ&ドロップします。

追加したオーディオ クリップを選択して、「ツール」ボタンをクリックして「オーディオ エディター」を開きます。

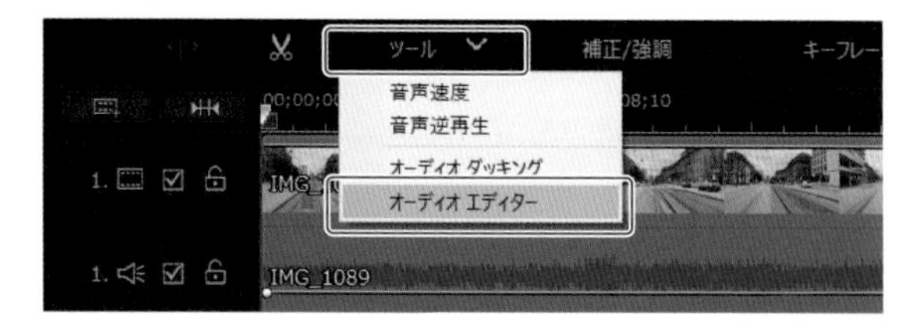

「スペシャル」から❶「ボーカル除去」を選び、「プレビュー」で❷「適用結果」を選択します。❸「プレビュー」ボタンをクリックして試聴します。

❹「一時停止」ボタンをクリックして再生を停止します。❺「適用」ボタンをクリックします。「オーディオ エディター」の❻「OK」ボタンをクリックして閉じます。

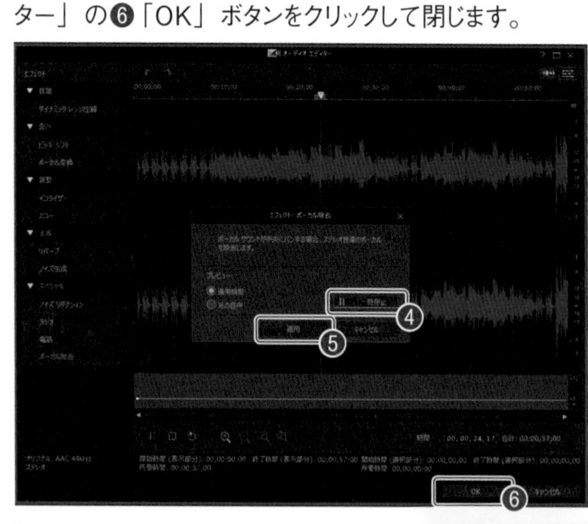

「ボーカル除去」が適用されたカラオケバージョンのオーディオ クリップになりました。

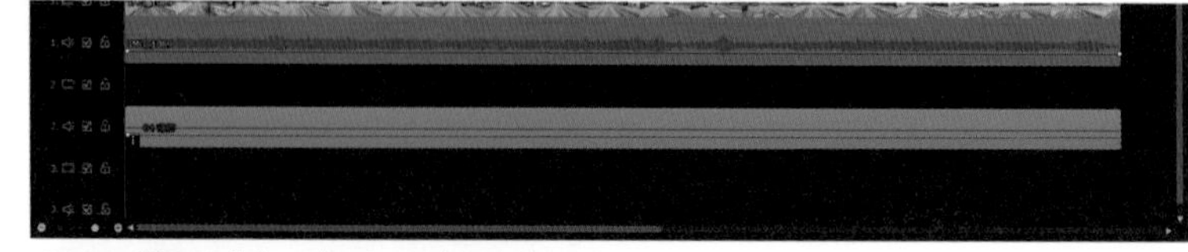

※ Mac 版には「オーディオ エディター」はありません。

動画を出力・公開する

8-1 動画作品を出力しよう

編集をしてできあがった動画作品を人に見てもらうためには、誰もが見られるビデオファイル形式への保存が必要です。これを「出力」といいます。出力の手段や目的に合わて準備や設定をしましょう。

「出力」ウィンドウを開く

出力の設定をするための画面に切り替えます。

出力したいプロジェクトを開いた状態で、「出力」ボタンをクリックします。

「出力」ウィンドウに切り替わります。ここでは動画作品をどのようなデバイスでどのように再生したり、あるいはSNSで公開したりするのかといった最終目的に合わせて書き込む方法や、形式などを設定します。

ファイルの出力方法を選ぶ

「出力」画面では、ファイルとして書き出すかどうか、または DVD などのディスクを作成するかどうかを選びます。

ファイルを出力

プロジェクトを再生用の動画ファイルとして書き出します。パソコンで再生したり、オンラインで公開したりするための設定画面です。

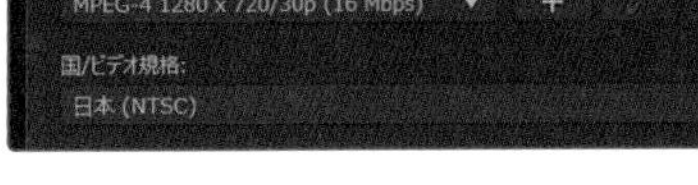

ディスク作成

プロジェクトを DVD やブルーレイディスクに書き込むための設定画面です。

Mac 版の出力画面では「ローカル」と「オンライン」の方式に分かれています。なお「ディスク作成」「デバイス」「3D」の出力項目はありません。

プロジェクトをファイルに書き出す

プロジェクトをデバイスで再生したり、オンラインで公開するなど、目的に合った形式を選びます。

標準 2D

パソコンで再生したり、4K 動画としてファイルに書き出したり、静止画像、音楽のみの書き出しなどができます。

オンライン

YouTube などオンラインで公開するための設定をします。

デバイス

スマートフォンやゲーム機器で再生したり、ビデオカメラの形式に書き出すにはここを選びます。

3D

3D 動画ファイル形式で出力します。

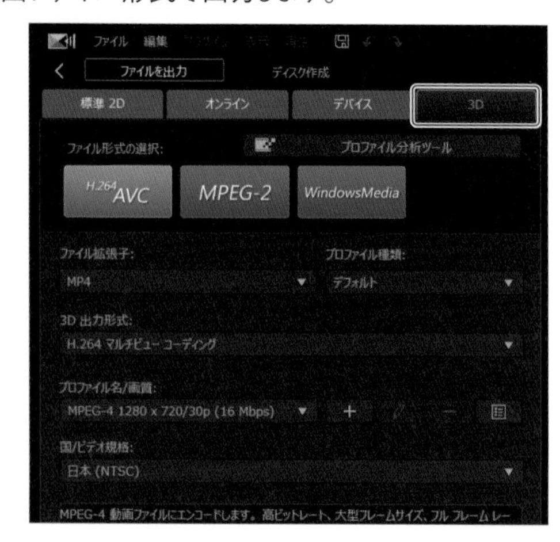

Memo

Windows 版ではプロジェクトに 3D コンテンツが含まれている場合、3D 動画ファイルとして書き出せます。

最適な出力形式を選ぶ

「ファイル形式の選択」ではファイル形式から選ぶことができます。「標準 2D」で出力できる動画ファイルの形式は次のようになっています。

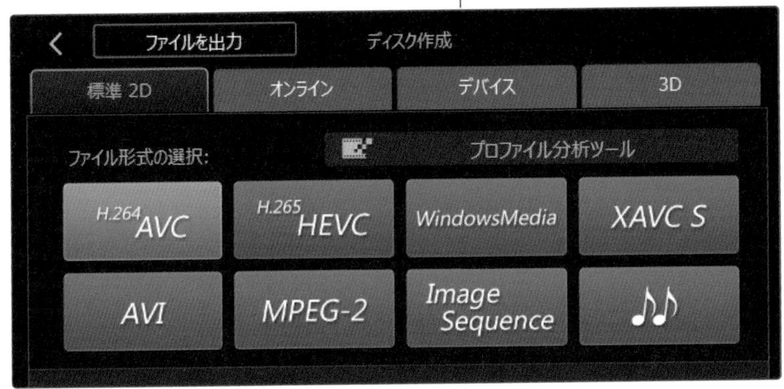

H.264 AVC

MPEG-4 動画ファイルに圧縮します。汎用性の高い形式です。

H.265 HEVC

MPEG-4 動画ファイルに高解像度で圧縮します。4K 動画に対応しています。

WindowsMedia（ウィンドウズメディア）

Windows 標準の動画形式です。

XAVC S

MPEG-4 動画ファイルに高解像度で圧縮します。4K 動画に適しています。

AVI

Windows の動画形式です。デジタルビデオカメラ映像の保存に適しています。

MPEG-2

高画質で圧縮します。DVD の作成に適しています。

Image Sequence（イメージ シーケンス）

JPEG または PNG の静止画ファイルとして連続して出力します。

音声ファイル

音声ファイルとして WMA、WAV、M4A ファイル形式で出力します。

プロファイル分析ツールを活用する

出力形式は基本的に「ファイル形式の選択」から手動で選びますが、どの形式が選べば良いのかよくわからないというときには「プロファイル分析ツール」を使用しましょう。汎用性の高い、最適な出力形式を示してくれます。

「ファイルを出力」画面で「標準2D」を開き、「プロファイル分析ツール」ボタンをクリックします。

「プロファイル分析ツール」画面が開きます。「最適な出力形式」の一覧にプロファイルが表示されています。「OK」をクリックします。

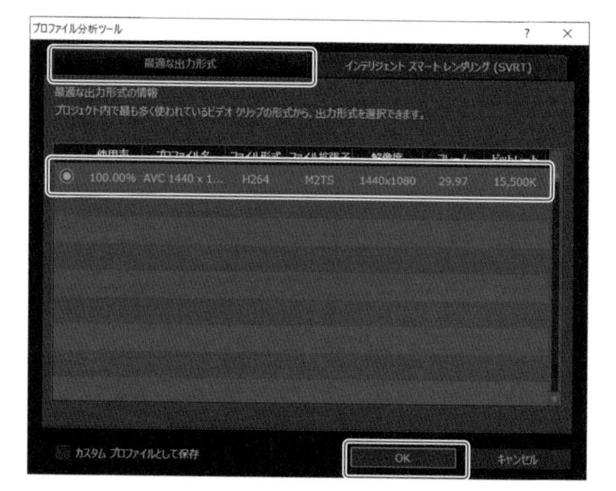

※ Mac 版には「最適な出力形式」の項目はありません。

最適なプロファイルが適用されました。

Memo

最適な出力形式で書き出した動画ファイルはパソコンでの視聴や YouTube や SNS への投稿、ディスクへの書き込みなどさまざまな目的で活用できます。

Memo

手動で選ぶときは「ファイル拡張子」からファイル形式を選び、「プロファイル名 / 画質」の一覧から目的の解像度、フレーム レート、ビット レートなどを参考にしていずれかのプロファイルを選びます。

動画ファイルに書き出す

出力の設定ができたら、動画ファイルとして書き出します。

「開始」ボタンをクリックすると書き出しが始まります。

Memo
編集内容によって書き出しに要する時間が変わります。

書き出し後は書き出された動画ファイルを確認します。「ファイルの場所を開く」ボタンをクリックします。

「エクスプローラー」が開き、書き出したプロジェクトの動画ファイルが追加されています。「ビデオ」フォルダーなどのわかりやすい場所にコピーして活用しましょう。

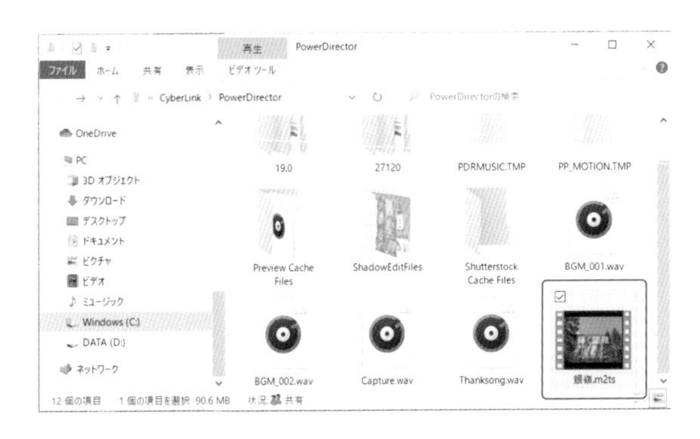

PowerDirectorの「ファイルを出力」画面で編集画面に戻るには「編集に戻る」ボタンを、出力設定画面に戻るには「前へ」ボタンをクリックします。

8-2 動画をスマートフォン用に書き出す

Android や iPhone など、動画作品をスマートフォンで再生して見る場合には、それぞれに適したファイル形式で書き出します。

Android 用に書き出す

Android でスマホやタブレットなど再生して見るのに適したファイル形式で書き出します。

※ Mac 版には「デバイス」の項目はありません。

「ファイルを出力」画面で「デバイス」を開くと、さまざまなデバイスに適したファイル形式を選べます。ここでは「Android」をクリックします。

「プロファイル名 / 画質」をクリックします。一覧から出力したい解像度、フレームレート、ビットレートを参考にいずれかのプロファイル名を選びます。

Memo

Android の画面の解像度がわかる場合には対応する解像度のプロファイルを選びますが、わからない場合は高めの解像度を選びましょう。ただし出力に時間がかかり、ファイルのサイズも大きくなります。

「開始」ボタンをクリックします。出力を開始します。

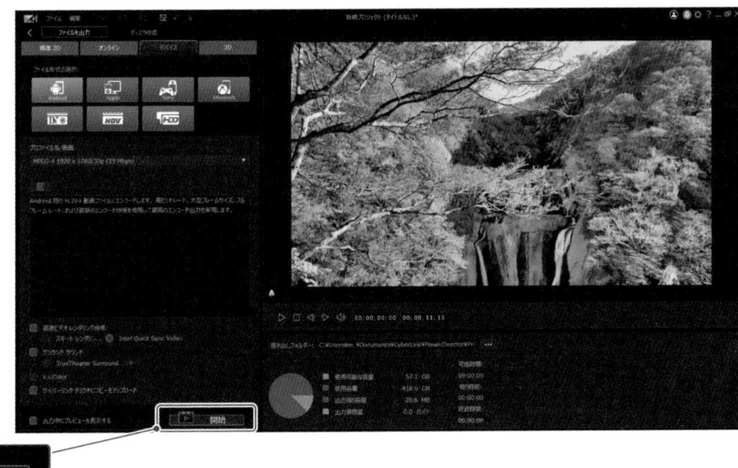

出力後は「ファイルの場所を開く」ボタンをクリックします。

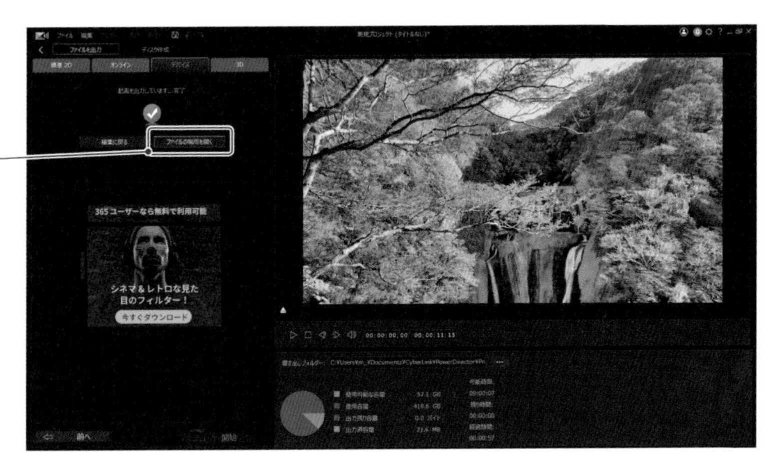

エクスプローラーが開き、動画ファイルが追加されているのが確認できます。

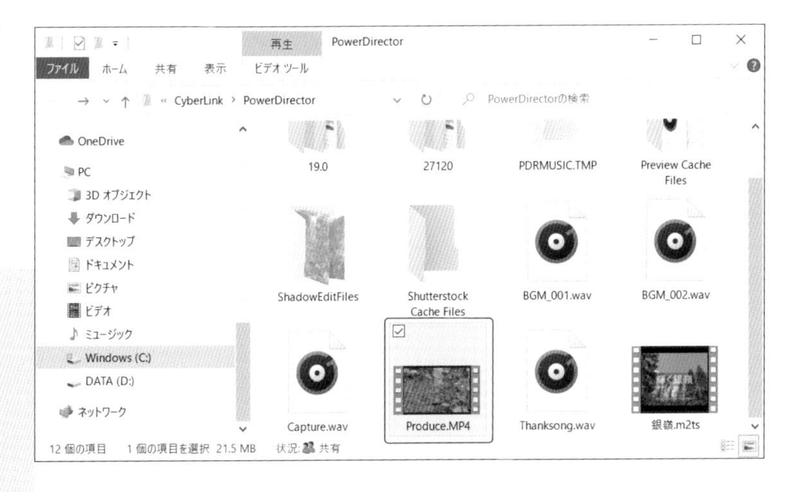

Memo

PowerDirectorの「ファイルを出力」画面で編集画面に戻るには「編集に戻る」ボタンを、出力設定画面に戻るには「前へ」ボタンをクリックします。

Android をパソコンに接続して、Android の保存用フォルダーをエクスプローラーで開き、次に Android 側の「Movies」フォルダーを開きます。PowerDirector で出力した動画ファイルを、Android のフォルダーにドラッグ&ドロップします。

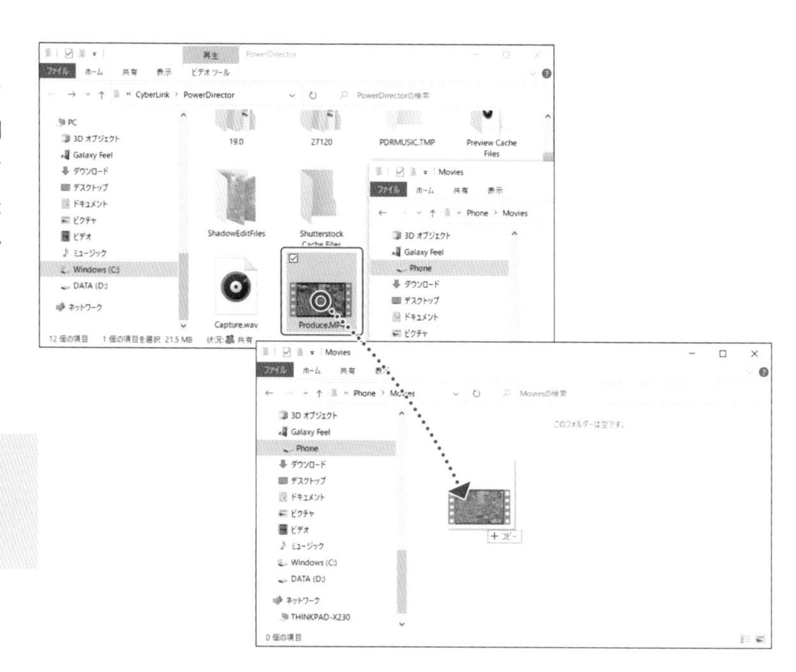

Memo

Android は起動およびログインして使用できる状態にしておきます。

Android で「フォト」アプリを起動して「ライブラリ」を開き、「デバイス内の写真」にある「Movies」を開きます。保存した動画をタップして再生します。

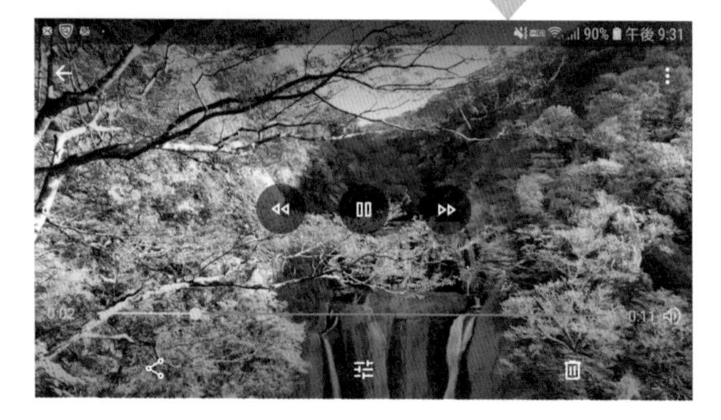

Memo

機種によっては保存場所や再生方法が異なる場合があります。必ずスマートフォンの取扱説明書で確認してください。

iPhone 用に書き出す

iPhone や iPad で再生して見るのに適したファイル形式で書き出します。

「ファイルを出力」画面の「デバイス」で「Apple」をクリックします。

「プロファイル種類」で「iPad/iPhone」を選び、「プロファイル名 / 画質」をクリックします。一覧から出力したい解像度、フレームレート、ビットレートを参考にいずれかのプロファイル名を選びます。

Memo

iPhone の画面の解像度がわかる場合にはそれにあった解像度のプロファイルを選びます。わからない場合は中間よりも高い解像度を選びましょう。ただし出力ファイルのサイズも大きくなります。

「開始」ボタンをクリックします。出力を開始します。

出力後は「ファイルの場所を開く」ボタンをクリックします。

エクスプローラーが開き、書き出された動画ファイルが追加されています。そのまま開いておきましょう。

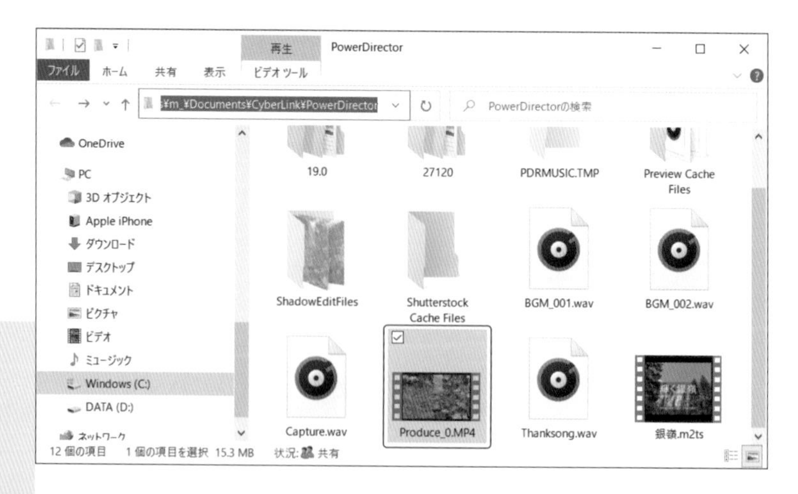

Memo

「フィルを出力」画面の「書き出しフォルダー」右側の「…」ボタンをクリックして、書き出す場所をあらかじめ変更しておくこともできます。

¥Documents¥CyberLink¥PowerDirector¥Pr ...

iPhoneをパソコンに接続して、「iTunes」を起動します。「アカウント」メニューから「サインイン」を選び、Apple IDでサインインをしておきます。

Memo

「iTunes for Windows」はあらかじめMicrosoft Storeから、またはAppleのサイトからダウンロードしてインストールしておきましょう。

https://support.apple.com/ja_JP/downloads/itunes

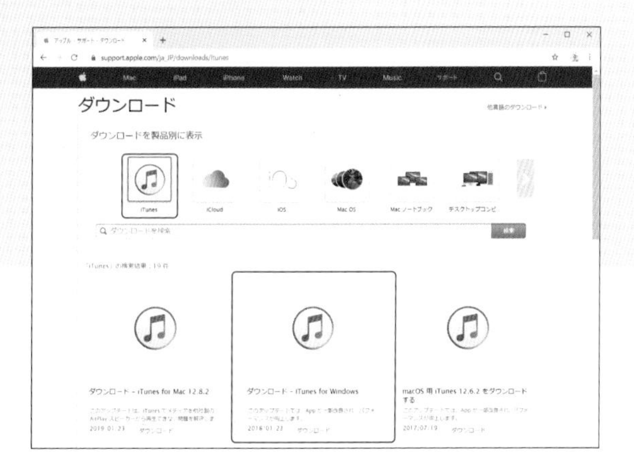

iTunesで「ムービー」を開き、「ライブラリ」で「最近追加した項目」を選択します。右側のエリアに先ほど書き出した動画ファイルをドラッグ&ドロップします。

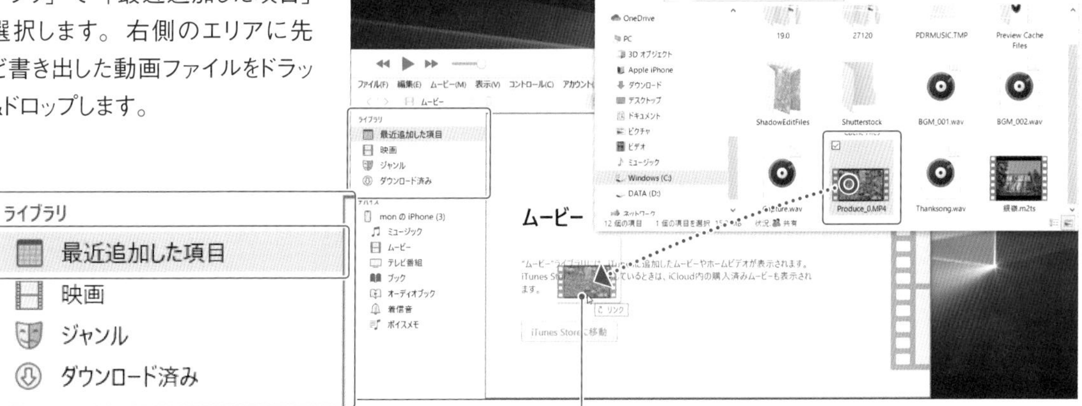

このエリアにドラッグ

❶「ホームビデオ」を開くと、ライブラリに❷書き出した動画ファイルが追加されているのでクリックして選択してから、❸「iPhone」ボタンをクリックします。

「設定」で❹「ムービー」を選択します。❺「ムービーを同期」にチェックを入れて、❻「自動的に同期するムービー」のチェックを外します。「映画」の一覧から❼同期する動画ファイルを選択して❽「適用」ボタンをクリックします。

同期が開始します。同期が完了したら「終了」ボタンをクリックします。

「デバイス」でiPhoneを取り出して、「閉じる」ボタンをクリックしてiTunesを終了します。

iPhoneで「Apple TV」アプリを起動して「ライブラリ」を開き、「ホームビデオ」を開きます。一覧から保存した動画を選んで再生します。

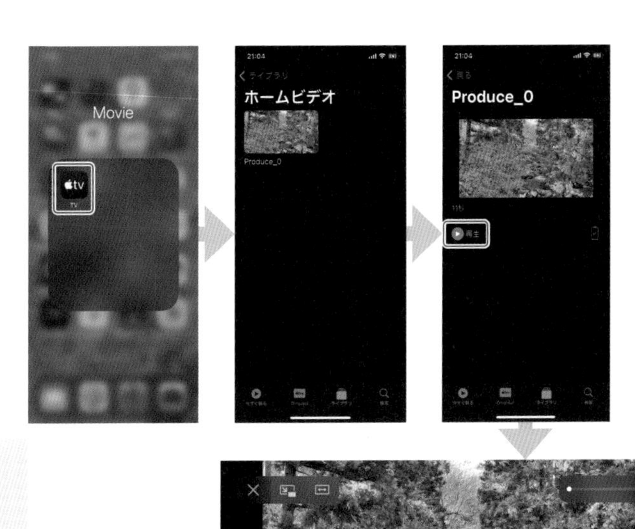

Memo

PowerDirectorの「ファイルを出力」画面で編集画面に戻るには「編集に戻る」ボタンを、出力設定画面に戻るには「前へ」ボタンをクリックします。

8-3 DVDやブルーレイディスクに書き込もう

完成した動画作品をまとめてDVDやブルーレイディスクに書き出して保存しておきましょう。親しい人への記念のプレゼントとしても喜ばれます。

ディスクに書き込む手順

※ Mac版にはディスク作成の機能はありません。

DVDやブルーレイディスクに書き込むためには、次のような手順に沿って進めます。

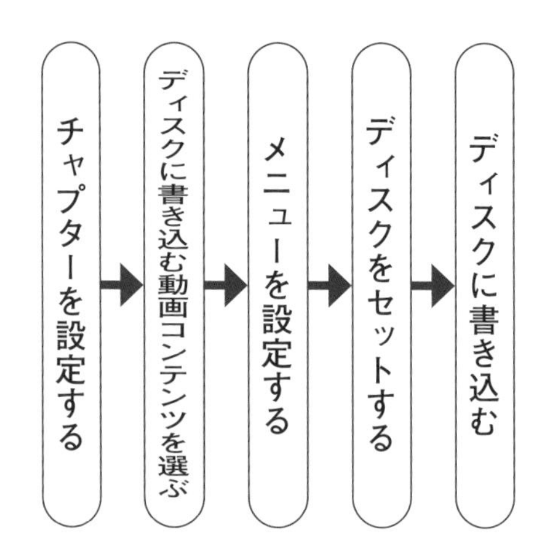

動画にチャプターを設定する

動画のシーンの節目などにあらかじめ「チャプター」と呼ばれるマークを付けておくことで、ディスクを再生したときに各チャプターの位置から再生をスタートできます。

チャプターを作成するには、ルーム パネルの「…」ボタンをクリックして、「チャプター ルーム」を選びます。

「チャプター ルーム」が開き、すでに「チャプター 1」が設定されています。タイムラインに「チャプター トラック」が表示されていて、最初のビデオ クリップの先頭に「1. チャプター 1」と吹き出しのように表示されています。

クリップごとにチャプターを自動的に付ける

各ビデオ クリップの先頭に自動的にチャプターを付加します。「最初のビデオ トラックの各クリップの開始位置にチャプターを挿入」を選択して、「開始」ボタンをクリックします。

Memo

指定した分数ごとにチャプターを付けるには「任意の間隔でチャプターを挿入」を選びます。

また指定した数のチャプターを均等な間隔で付けるには「均等にチャプターを挿入」を選択して「開始」ボタンをクリックします。

各ビデオ クリップの先頭に自動的にチャプターが付きました。

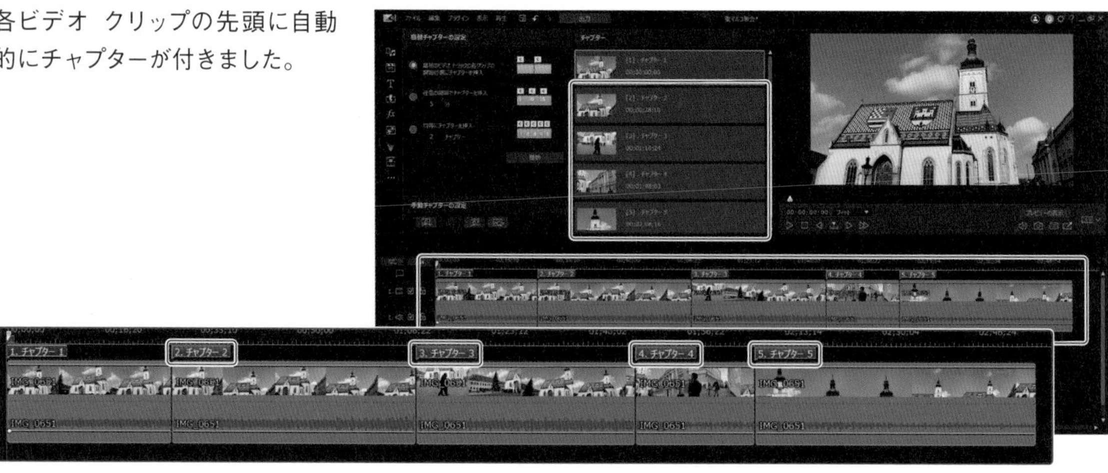

手動でチャプターを付ける

好きな箇所にチャプターを追加するには、追加したい箇所にタイムライン スライダーを配置して、「手動チャプターの設定」の「現在の位置にチャプターを追加」ボタンをクリックします。

指定した位置にチャプターが付きました。

Memo

不要なチャプターを削除するには、削除したいチャプターを選択した状態で「選択したチャプターを削除」ボタンをクリックします。

ディスクに書き込む

ディスクをドライブにセットして書き込めるように準備しておきます。

「2D ディスク」ボタンをクリックして、「ディスクドライブの選択」で書き込み可能なディスクを選択します。ここでは「DVD」を選択して、「2D で書き込み」ボタンをクリックします。

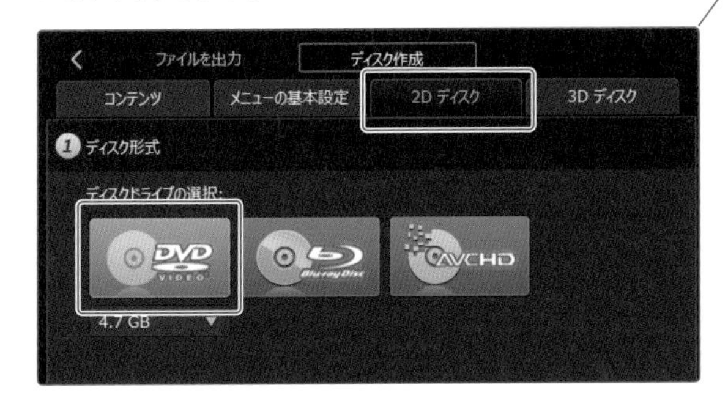

「最終出力」画面が開きます。「現在のドライブ」に、パソコンに接続して書き込み可能なドライブ名が表示されていて、「最終出力」の「ディスクへ書き込み」にチェックが入っていることを確認します。「書き込み開始」ボタンをクリックします。

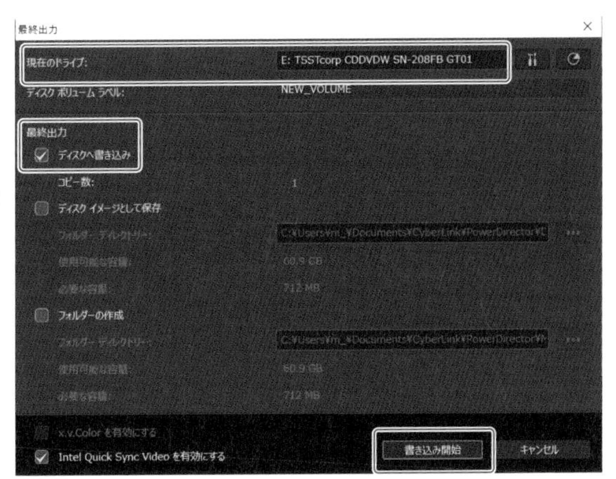

「書き込み」画面が表示されて、書き込みが開始します。

書き込み後に表示されるダイアログボックスで「OK」をクリックして、「最終出力」画面の「閉じる」をクリックして書き込みを完了します。

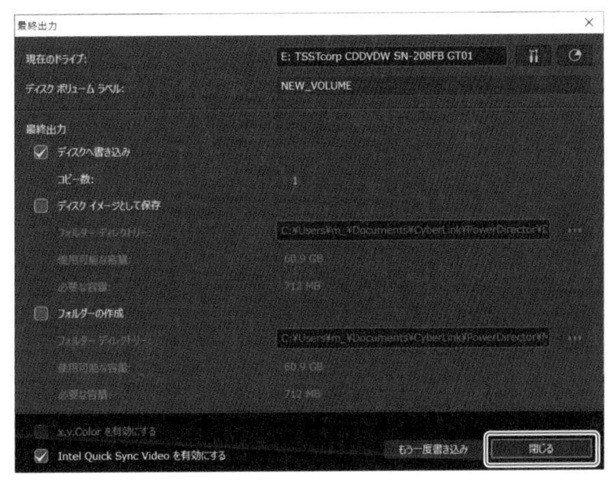

column

モバイルデバイス版のPowerDirector

PowerDirector にはモバイルデバイス版もあり、iPhone iPad 版と Android 版が提供されています。パソコン版の PowerDirector と同じように親しみやすい操作性の動画編集アプリです。基本的な機能は無料で使用できますが、より自由に高度な編集するためには、月間、年間、3 か月メンバーのいずれかの契約が必要です。

QR コードをスマートフォンのカメラで撮影してダウンロードできます。

Android 版

iOS 版

モバイル版の編集画面

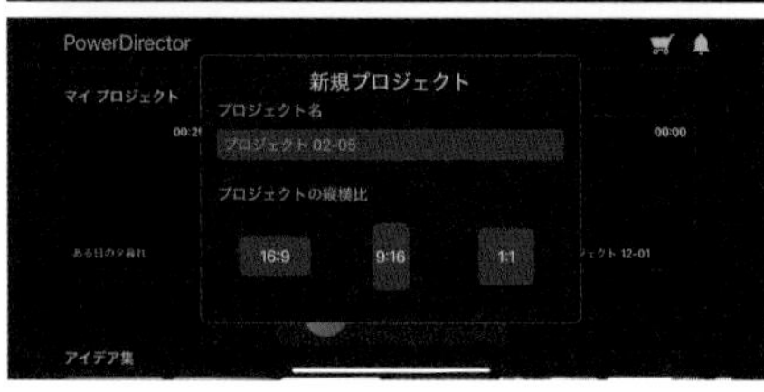

iPhone の新規プロジェクト作成画面

動画、写真、音楽などのコンテンツを読み込み、タイムラインで編集するという流れはパソコン版と同じです。ビデオ クリップにタイトルやエフェクトを追加したり、ビデオクリップをつなげた時にトランジションを追加できます。

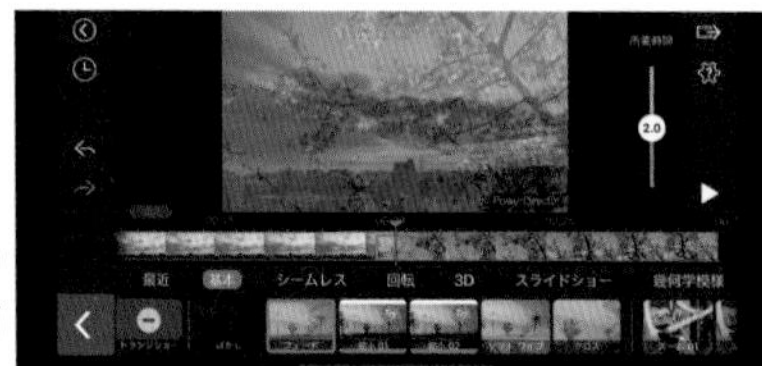

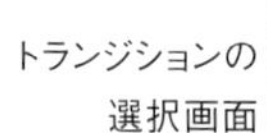

トランジションの選択画面

出力では「ギャラリーに保存」「Facebook」、「YouTube」などの出力先を選び、動画解像度を選択します。

動画ファイルとして保存をするのであれば「ギャラリーに保存」を選びます

出力した動画は「出力済みの動画」から再生できます

モバイル版ならではの指の操作で、さまざまな高度な動画編集をこなせるのが特徴です。4K 解像度での出力にも対応しており、スマートフォンで撮ってすぐに編集をして SNS にアップロードできる手軽さは何よりの魅力です。

Android 版のプロジェクトは、サイバーリンク クラウドを経由することでパソコン版へ渡すことができます。また、PowerDirector 365 のサブスクリプションとは別途契約が必要になりますが、撮影した動画をいつでもどこでも編集をして共有できる便利さを、まずは無料版から試してみてはいかがでしょう。

※無料版は使用できる機能に制限があります。また出力動画には透かしが入ります。

楽しく見せるテクニック

9-1 音楽効果付きスライドショーを作ろう

複数の写真があれば、BGMや切り替え効果付きのスライドショーが簡単にできあがります。枚数の多い写真を映像で効率よく見てもらう手段として有効です。

※ Mac版には「スライドショー クリエーター」機能はありません。

複数の写真をタイムラインに追加する

スライドショーには複数の写真が必要です。「メディア ルーム」の「メディアの読み込み」から写真を読み込んでおき、「動画・画像・音楽」で「画像のみ」をクリックして、写真のみの表示に絞り込みます。

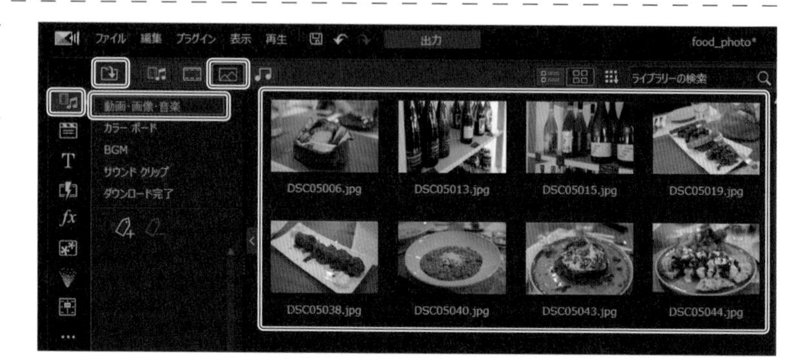

スライドショーに使用したい写真のサムネイルを「Ctrl」キーを押しながらクリックして複数選択します。タイムラインのビデオ トラックにドラッグ&ドロップします。

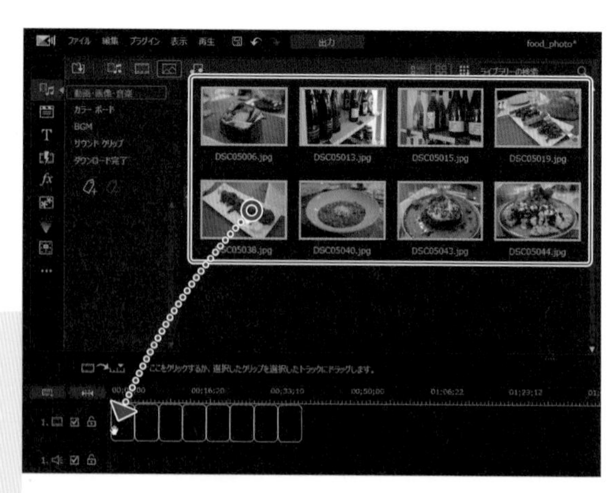

タイムラインに写真のクリップが追加されました。

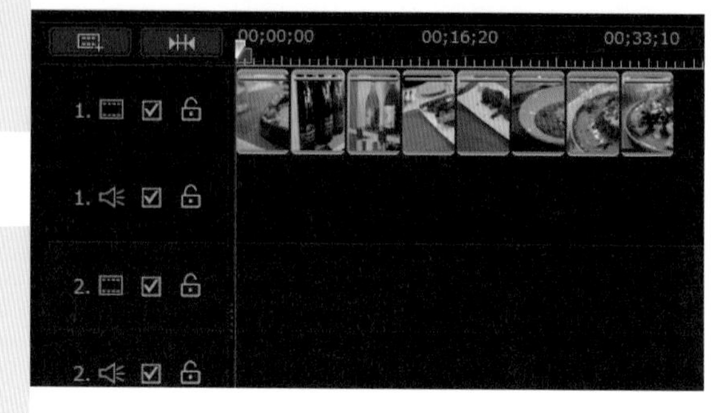

Memo

スライドショーでのクリップの表示順は、この時点で設定しておきます。表示順を変えたいクリップを、挿入したい箇所のクリップの上に位置を合わせて重ねてドラッグ&ドロップして「挿入してすべてのクリップを移動する」を選びます。その後のクリップを右側に押出す形で移動します。これによりクリップ間に空白が生じる場合は、その後のクリップすべてを選択して左に移動して空白を埋めます。

Memo

各クリップの所要時間は初期設定で5秒に設定されています。この時点で変更ができますが、このあとの「スライドショー クリエーター」でも変更できます。

「スライドショー クリエーター」でスタイルを選ぶ

「スライドショー クリエーター」を起動します。

ビデオ トラックのすべてのクリップを、トラックの何もないところからドラックして囲んで選択した状態で、「ツール」をクリックして「スライドショー クリエーター」を選びます。

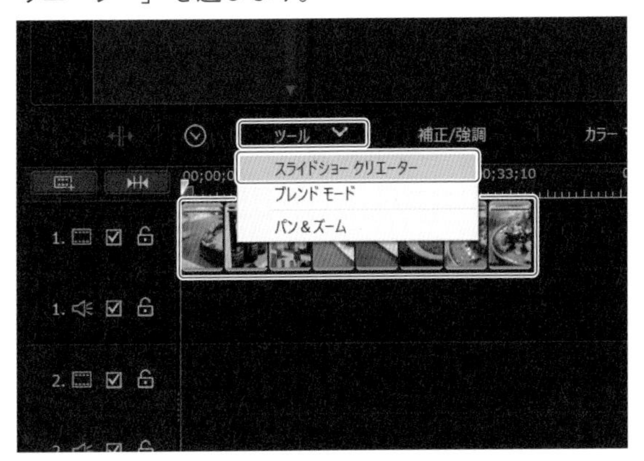

「スライドショー クリエーター」が起動します。ここでいずれかのスタイルを選びます。ここでは動きや切り替え効果が穏やかな「モーション」を選びます。

BGM を追加する

スライドショーの BGM を追加します。

「BGM の選択」ボタンをクリックします。

「BGM の選択」ボタンをクリックすると、パソコンなどから音楽を読み込めます。ここでは「BGM のダウンロード」ボタンをクリックして、音楽をダウンロードして選びます。

「BGM をダウンロード」画面が開きます。左側で音楽のカテゴリーを選び、右側の一覧で曲を選択して、「再生」ボタンで試聴します。読み込みたい曲を選択して「OK」をクリックします。

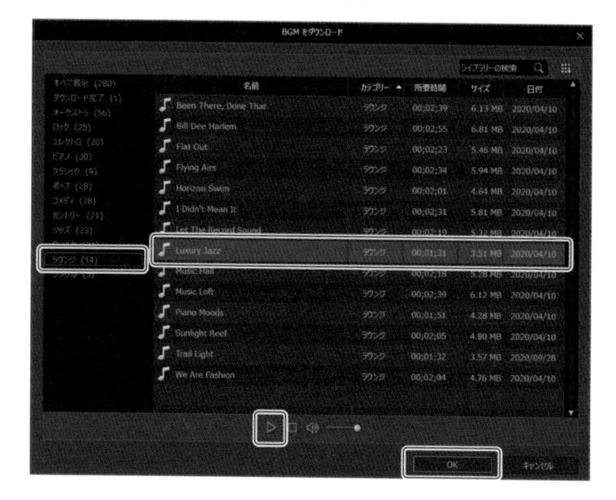

曲が読み込まれます。BGM の「フェードイン」および「フェードアウト」効果の有無を設定します。ここでは「フェードイン」を無効に、「フェードアウト」は有効にして徐々に音が小さくなって終わるように設定しています。「OK」をクリックします。

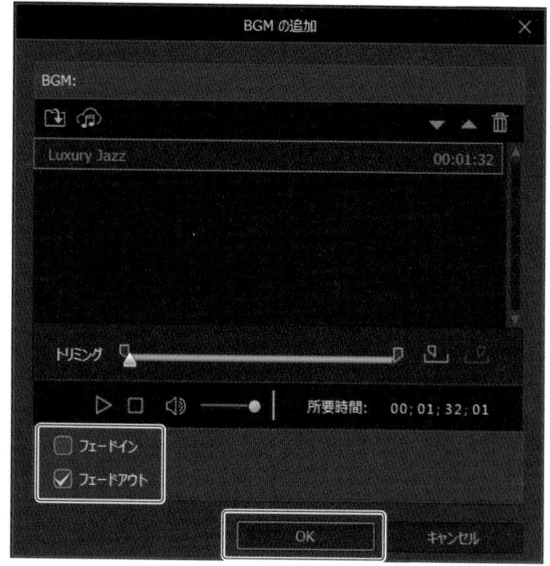

音楽をスライドショーに合わせる

「スライドショーの基本設定」ボタンをクリックします。

「所要時間」で BGM をスライドショーの長さに合わせるか、BGM の長さにスライドショーを合わせるかどうかを選びます。ここでは「画像に音楽を合わせる」を選択して、スライドショーが終わると同時に音楽も途中で終わる設定にしています。また「タイムライン順序」を選択して、タイムラインのクリップの並び順で切り替わる設定にしています。「OK」をクリックします。

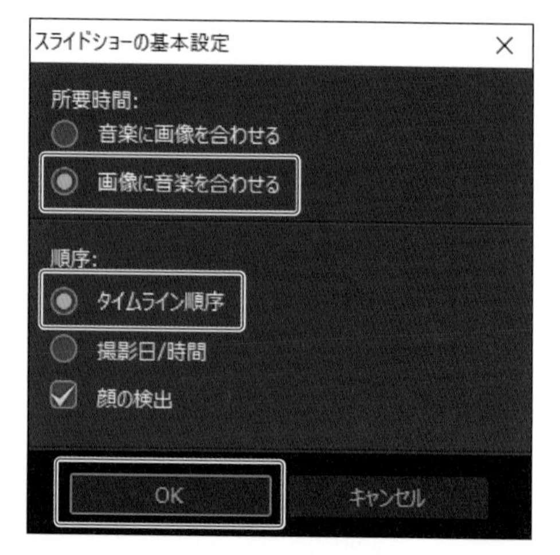

「次へ」ボタンをクリックします。

フォーカスや動きをカスタマイズする

「プレビュー」画面に切り替わります。「再生」ボタンをクリックして、BGMとともにどのように映像が流れるのかを確認します。「カスタマイズ」ボタンをクリックします。

Memo

元画像の縦横比が動画プロジェクトの縦横比（16:9など）と異なる場合、スライドショーのスタイルによっては元画像のままにするのか、画像をストレッチしてプロジェクトの縦横比に合わせるかどうかを選択します。ストレッチの方法で「CLPVでクリップを16：9縦横比にストレッチする」を選ぶと、画像中央のゆがみを押さえながら画像を引き伸ばすことができます。

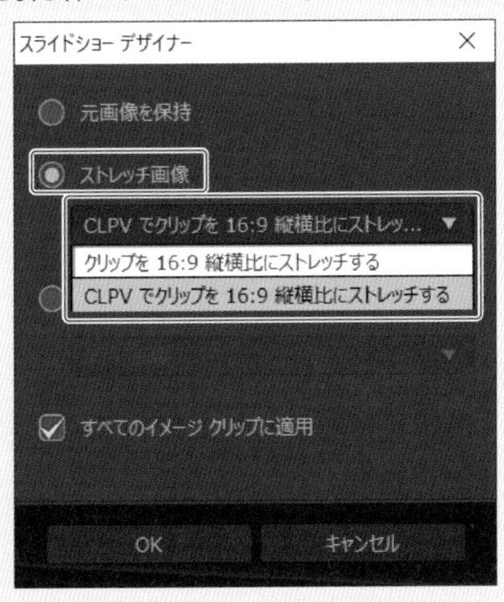

「スライドショー デザイナー」画面に切り替わります。ここでは写真をフォーカスエリアやカメラがパンする方向などを操作します。調整したい写真を選択して、タイムライン インジケーターが先頭に配置されている状態で、フォーカスエリアの枠にあるハンドルをドラッグして枠を狭めます。プレビューを見ると枠の領域にズームインしています。

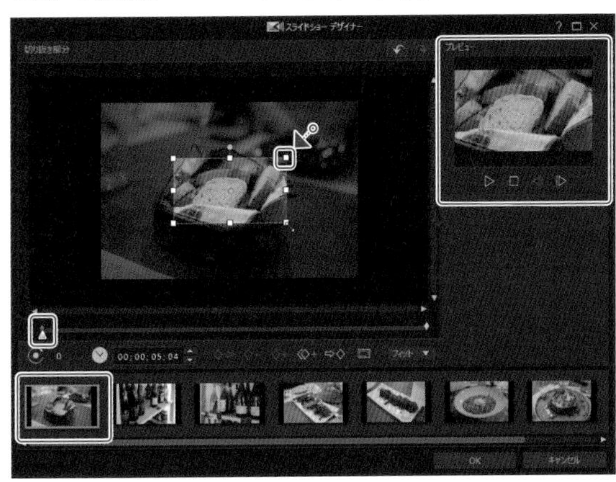

タイムライン インジケーターを最後尾に移動します。枠を外側にドラッグして、表示領域を広げます。これによりプレビューではカメラを引いたようにズームアウトします。

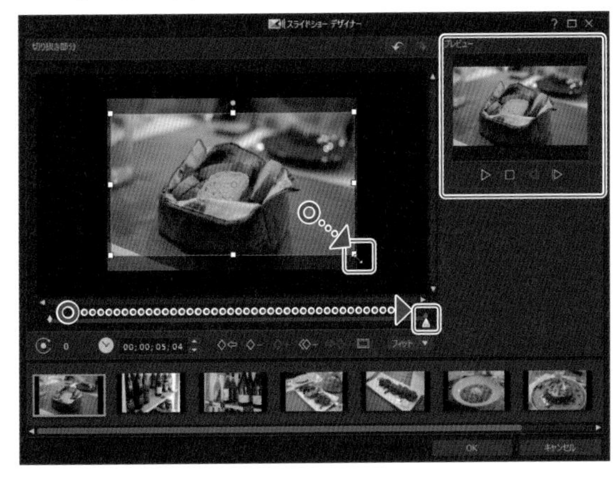

次の写真をクリックして選択し、タイムライン インジケーターを最後尾に移動して、枠の中央のハンドルをドラッグします。緑色の矢印の方向に表示する領域が徐々に移動します。

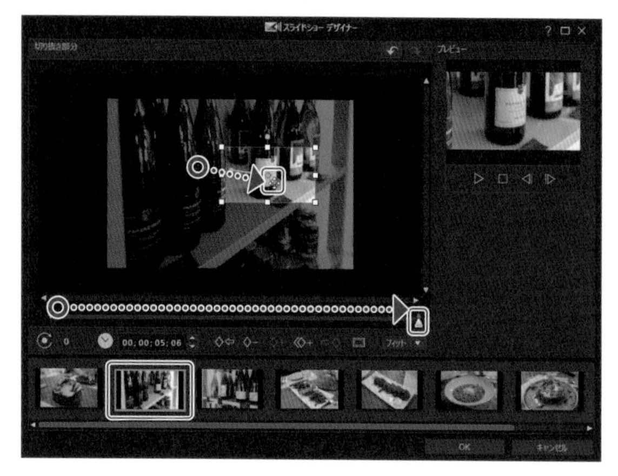

「◇」型のオレンジ色のキーフレームが追加されます。「次のキーフレームを選択」ボタンをクリックします。

最後のキーフレームにタイムライン インジケーターが移動し、黄色いキーフレームがオレンジ色に変わります。この状態でフォーカス エリアの枠の上にある緑色のハンドルをドラッグして、枠を回転させます。前のキーフレームの位置から徐々に枠が時計回りに回転することにより、映像は逆に反時計回りに回転する映像になります。

他の写真に動きを変化させる「キーフレーム」を追加します。キーフレームを追加したい位置にタイムライン インジケーターをドラッグして配置します。「現在の場所にキーフレームを追加」ボタンをクリックします。

カスタマイズ完了後、「OK」をクリックします。

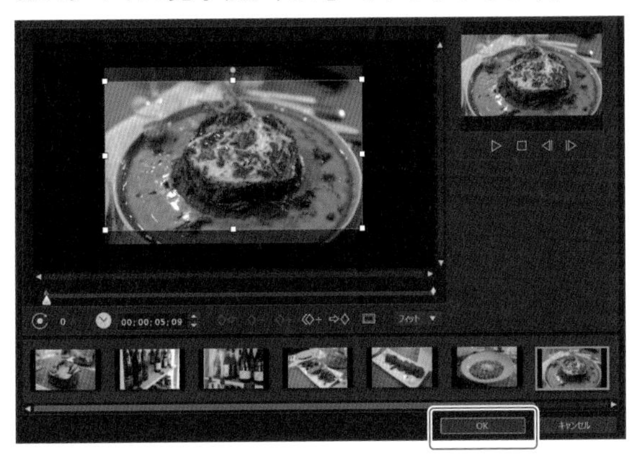

「プレビュー」画面で再生して確認します。「次へ」ボタンをクリックします。

タイムラインに戻りプロジェクトを保存する

「出力」画面に切り替わります。ここで動画ファイルとして出力するのであれば「動画出力」を選びます。DVD やブルーレイディスクに書き込む場合は「ディスク作成」を選びます。ここでは「詳細編集」を選び、さらにタイムライン上での編集に進みます。

ダイアログボックスで「OK」をクリックします。

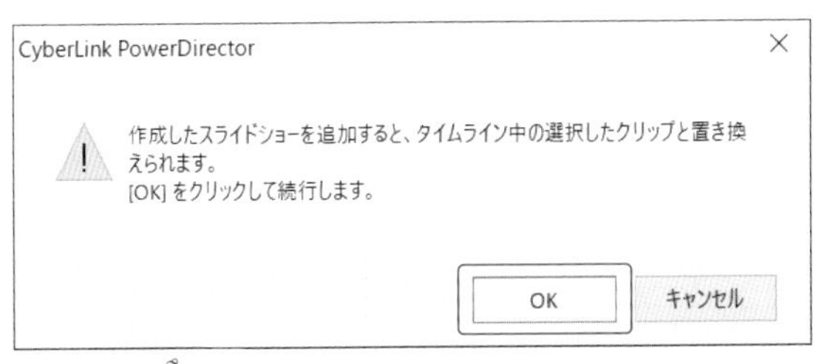

タイムラインの編集画面に切り替わります。次の編集につなげるためにここで一度「ファイル」メニューから「名前を付けて保存」を選び、プロジェクトを保存しておきます。さらに編集を加えたり、「出力」をクリックして目的に合わせて出力方法を選びましょう。

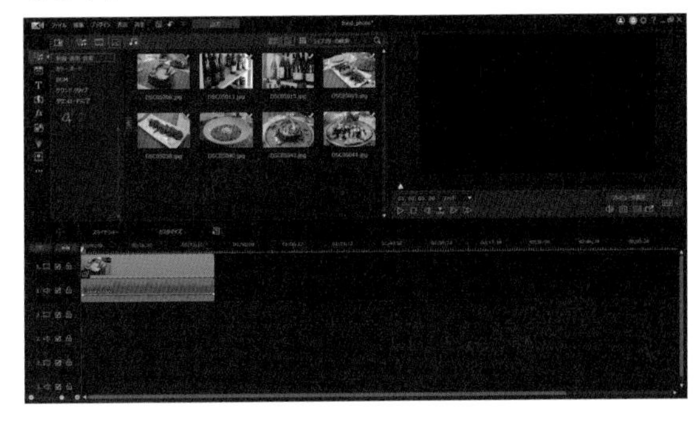

Memo

スライドショーは PowerDirector 起動時の画面で「スライドショー クリエーター」をクリックして作ることもできます。

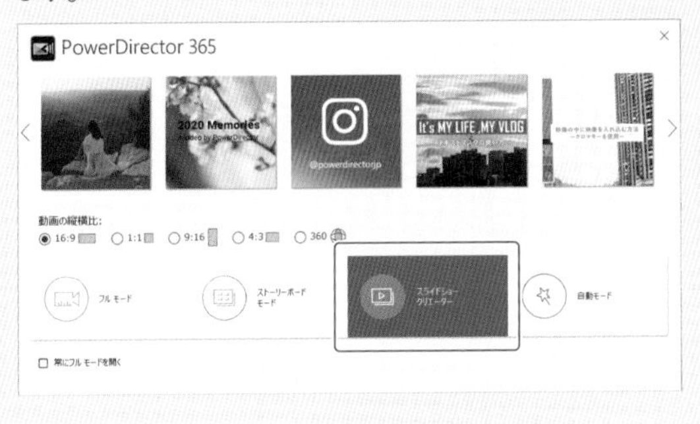

9-2 動きのあるタイトルロゴで引きつけよう

動画冒頭のタイトルは、どのような作品なのかを連想させる最も効果的なアイテムです。文字だけでなく背景や動きを加えて見る人の目を引きつけましょう。ここでは主題と副題を表示させる新しいタイトル テンプレートを作って利用します。

どのようなタイトルにするのかをイメージする

作成した動画作品にどのような動きのあるタイトルを付けるかをイメージして、動画のタイトルと副題を決めておきます。ここでは次のような流れのタイトル クリップを新たに作ります。

背景と副題付きのタイトルが徐々に現れる

しばらくそのまま表示

タイトル全体が動きとともに徐々に消える

タイトル デザイナーを開く

タイムラインに❶ビデオ クリップを配置します。このビデオ トラックとは別のビデオ トラックに新しいタイトルを作成して追加します。❷タイムライン スライダーが先頭に配置された状態で、❸「タイトル ルーム」を開きます。❹「新規タイトル テンプレートの作成」ボタンをクリックして❺「2D タイトル」を選びます。

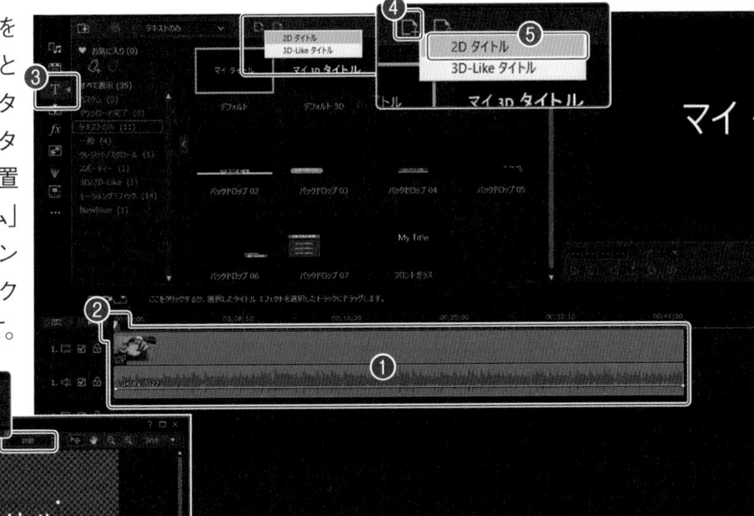

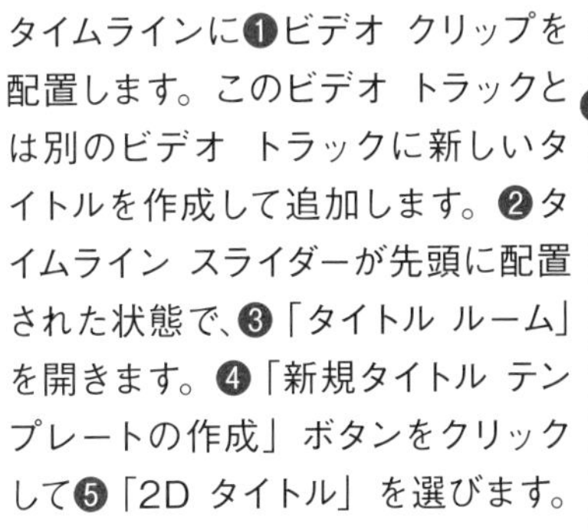

「タイトル デザイナー」のデフォルト画面が開きます。「詳細」ボタンをクリックします。

タイトルを入力する

「オブジェクト」画面でタイトルのテキスト入力をする前に、テキストボックスの「フォント / 段落」を開き、「フォントの種類を選択」をクリックして一覧からフォントを選び、「中央揃え」を選択します。

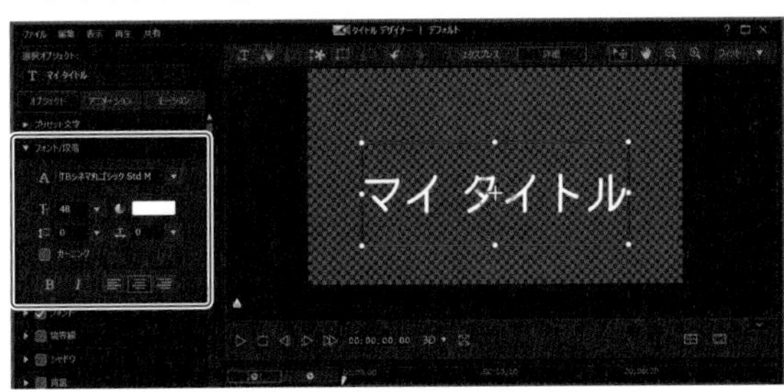

Memo

使用できるフォントはお使いのパソコンの環境に依存します。

「マイ タイトル」のテキスト部分にテキストを入力して入れ替えます。プレビュー ウィンドウのテキストボックスに反映されます。

❶テキストボックスのすべてのテキストをドラッグして選択した状態で、❷「フォント サイズの選択」で適したサイズに設定します。ここでは❸「28」に設定しています。必要に応じて❹「フォント色の選択」でフォントの色を変更します。

背景を追加する

タイトルの下に色の付いた図形の背景を追加します。タイトルのテキストボックスが選択された状態で「背景」を開いてチェックを入れます。

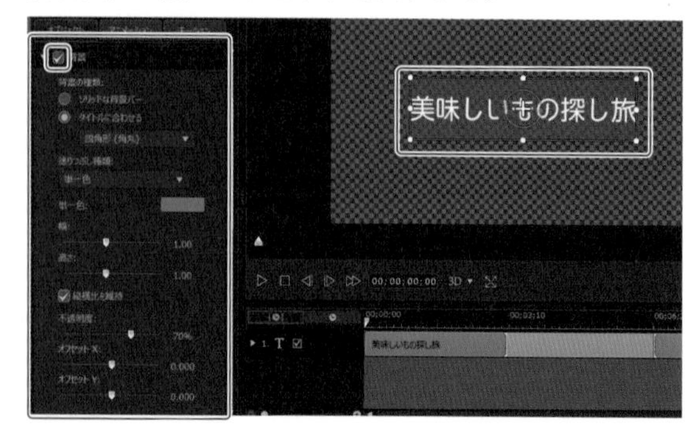

「背景の種類」は「タイトルに合わせる」を選択して、下のボックスをクリックして一覧から背景の図形を選びます。ここでは「四角形（丸）」を選びます。

「塗りつぶし種類」は「単一色」で、色のボックスをクリックします。「色の選択」画面で、背景の図形を塗りつぶす色を選択します。ここではオレンジ色を選んでいます。「OK」をクリックして背景の色に適用します。

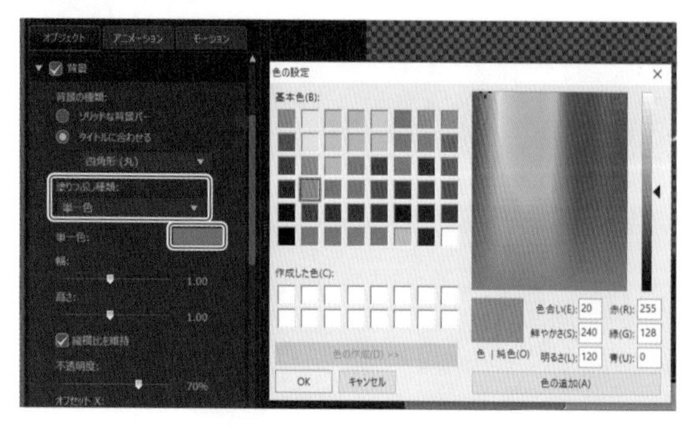

背景の透ける量を「不透明度」で調整します。数値が小さいほど透明になります。ここでは「70%」に設定しています。さらに「オフセット Y」の数値を「0.2」に高めて、背景の位置を下に水平に少し移動して、タイトルの下にあとから副題を入れるための余裕を持たせています。

タイトルにフェードイン・フェードアウトを加える

タイトルが徐々に現れる効果を加えます。

❶テキストボックスを選択し、❷タイムライン スライダーを先頭に配置した状態で、❸「オブジェクトの設定」を開きます。「不透明度」の❹「現在のキーフレームを追加 / 削除」ボタンをクリックします。タイムラインの先頭の「不透明度」のトラックに❺オレンジ色の◇のキーフレームが追加されます。

Memo

オレンジ色の◇は現在選択していて編集可能なキーフレームの状態を表しています。

「不透明度」のスライダーを左いっぱいにドラッグして「0%」にします。タイトルが完全な透明になります。

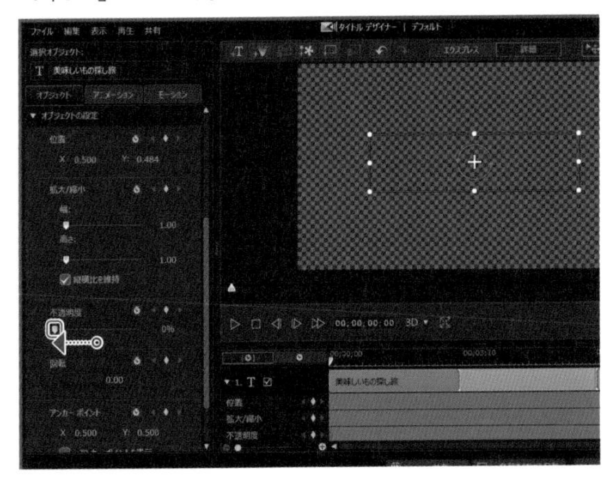

タイムライン スライダーを、タイムラインの左から約 1/4 の位置にドラッグして配置して、「不透明度」の「現在のキーフレームを追加 / 削除」ボタンをクリックします。

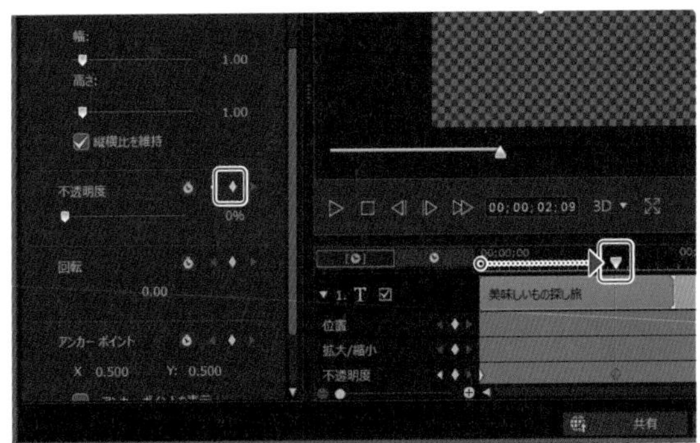

「不透明度」のトラックにオレンジ色の◇のキーフレームが追加されたことを確認して、「不透明度」のスライダーを右いっぱいにドラッグして「100%」の完全不透明にします。タイトルがはっきりと表示されます。

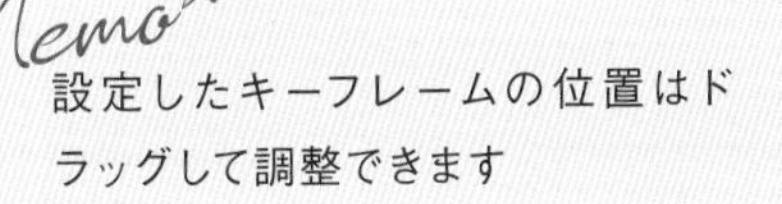

Memo

設定したキーフレームの位置はドラッグして調整できます

続けてタイトルが徐々に消える効果を加えます。❶タイムライン スライダーをタイムラインの左から3/4の位置にドラッグして配置して、「不透明度」の❷「現在のキーフレームを追加 / 削除」ボタンをクリックします。タイムラインに❸3つめのオレンジ色の◇のキーフレームが追加されます。❹不透明度は100%のままにしておきます。

タイムライン スライダーを最後尾にドラッグして配置して、同じように「不透明度」の「現在のキーフレームを追加 / 削除」ボタンをクリックします。オレンジ色の◇のキーフレームが追加されるので、「不透明度」のスライダーを左いっぱいにドラッグして「0%」に設定します。タイトルが透明になります。

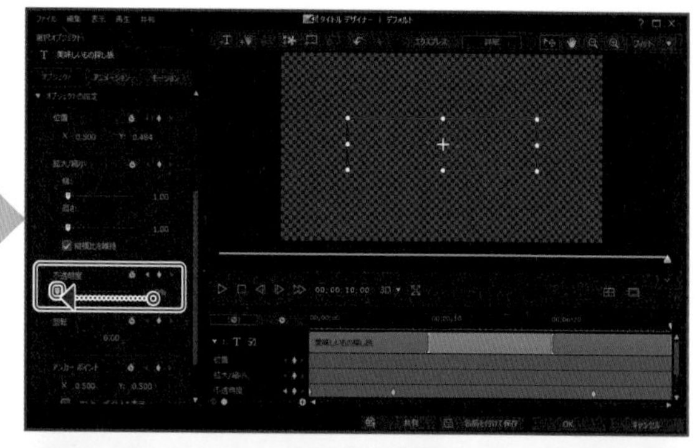

プレビュー ウィンドウの「停止」ボタンをクリックしてから「再生」ボタンをクリックして、徐々にタイトルが現れては消えることを確認します。

副題を追加する

タイトルにはテキストを複数配置できます。

ここでは新たなタイトルを追加して副題として表示させます。タイムライン スライダーをタイトルが見えているフレームに配置して、「タイトルを挿入」 ボタンをクリックします。

Memo

オブジェクトを選択するときは「選択モード」 を有効にします。

テキストボックスが追加されます。タイトルと同じように、 選択オブジェクトのテキストボックスに副題のテキスト入力をします。

副題のテキストを修正します。テキストボックスの枠の角にマウスポインターを重ねると矢印に変わるので、 内側に向けてドラッグして副題のテキスト全体を縮小します。

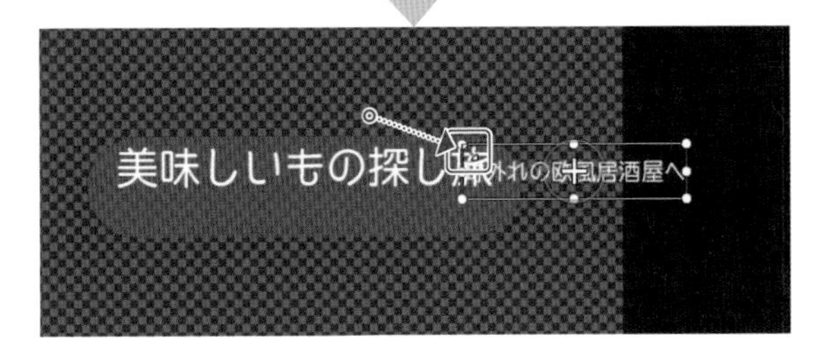

テキストボックスの枠にポインターを重ねて十字型の矢印に変わったところで、 主題の下にドラッグします。動画の中央にドラッグすると、 縦の中央を表すピンク色のガイド線が表示されます。これを参考にして、 主題の下に配置します。

副題に動きを加える

副題を動画の下から上にスライドして徐々に現れて、徐々に明るくぼけながら消えていく動きを加えます。

副題のテキストボックスを選択します。「アニメーション」タブをクリックします。

「アニメーション」画面に切り替わります。「開始アニメーション」を開き、「エフェクト」で「スライド」の一覧に絞り込んでここでは「風船」を選びます。

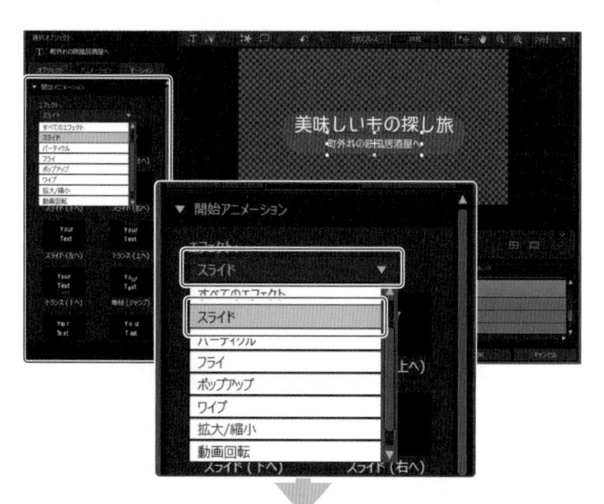

さらに副題が徐々に消えていく動きを加えます。「終了アニメーション」を開いて、「エフェクト」で「スペシャル」の一覧を開き、「グロー」を選びます。プレビュー ウィンドウの「再生」ボタンをクリックして、主題と副題の動きを確認します。

タイトル テンプレートの保存と活用

タイトルの編集が終わったら「OK」をクリックします。

Memo
タイトルクリップは、タイムラインの先頭よりも少し右に配置して動画の開始から1～2秒おいてから表示させると、動画の流れとなじみます。

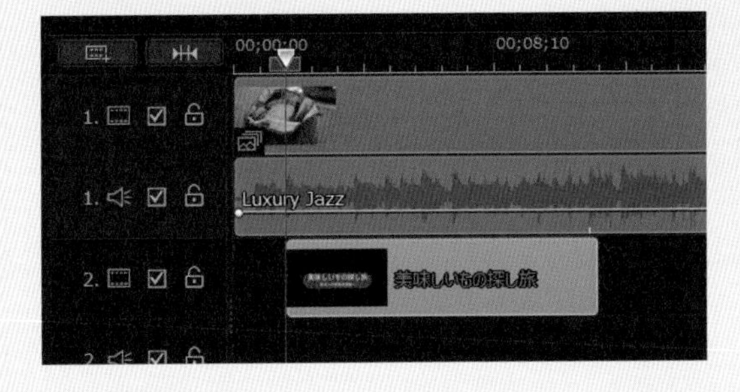

Memo
作成したタイトル テンプレートは「カスタム」を開いて再利用できます。またサムネイルをダブルクリックすると「タイトル デザイナー」が開き、再調整ができます。

Memo
タイムラインに挿入したタイトル クリップを「タイトル デザイナー」で内容を変更しても、「タイトル ルーム」にあるタイトル テンプレートには影響しません。

「テンプレートとして保存」画面が開きます。作成したタイトルのテンプレート名を入力して、スライダーをドラッグして効果が一目でわかりやすいフレームを表示させて「OK」をクリックします。

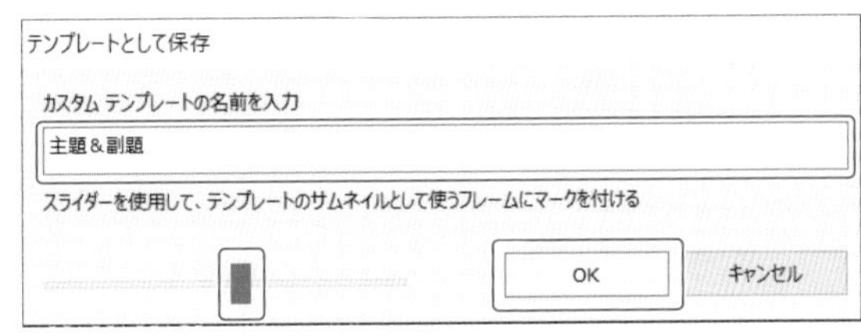

「タイトル ルーム」の「カスタム」に、作成したタイトル テンプレートが追加されています。このテンプレートを、タイムラインのはじめの方にドラッグ&ドロップします。

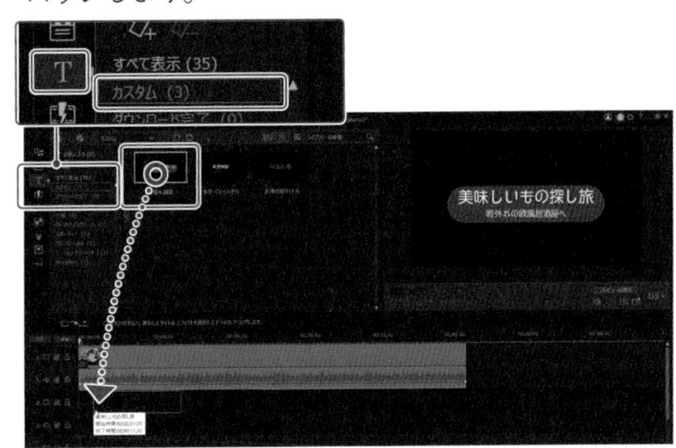

ビデオ クリップのトラックを選択してから、プレビュー ウィンドウの「停止」ボタンをクリックして先頭に戻してから、「再生」ボタンをクリックして確認し、タイトル クリップの位置や長さを調整します。

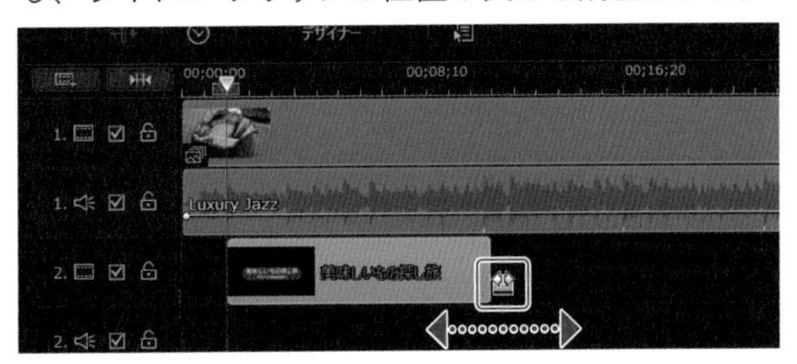

9-3 スローモーションやタイムラプス風にアレンジしよう

動画の速度を速めたり遅らせるなどのスピード操作によって、スローモーションやタイムラプス風の映像にアレンジできます。ここでは「ビデオ スピード デザイナー」を使って、動画の速度を自在に変えてみましょう。

長時間映像をタイムラプス風にアレンジ

植物の生長や日没までの空など、長時間かけて撮影した映像の動画ピッチを上げて、タイムラプス風の映像を作りましょう。スピード感のある動きを短時間で見て楽しめます。

動画のピッチを上げる

長時間撮影したビデオ クリップを、ビデオ トラックにドラッグ&ドロップして、選択しておきます。

「ツール」をクリックして「動画速度」を選びます。

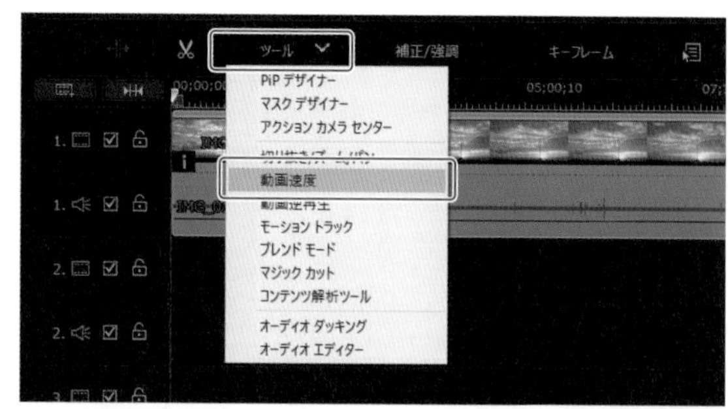

「ビデオ スピード デザイナー」画面が開きます。「クリップ全体」タブを開きます。「元の動画長さ」の時間を確認したうえで「可変速」のスライダーを右にドラッグしてピッチを上げます。連動して「新規の動画長さ」の数値が短くなります。ここではスライダーを右いっぱいにドラッグして最速にしています。

Memo

動画長さを正確に設定するには「新規の動画長さ」の時間、分、秒の数値を直接入力します。

Memo

「可変速」の数値は設定後が何倍速になるのかを表しています。

音声の有無の設定

ピッチを上げる際の音声の設定をします。「設定」ボタンをクリックします。

「音声の設定」で、ビデオ クリップの元の音声を削除するのか、音声を残して音声ピッチをそのまま保持するかどうかを選びます。ここでは「音声の削除」を選び、無音の状態にします。「適用」ボタンをクリックします。

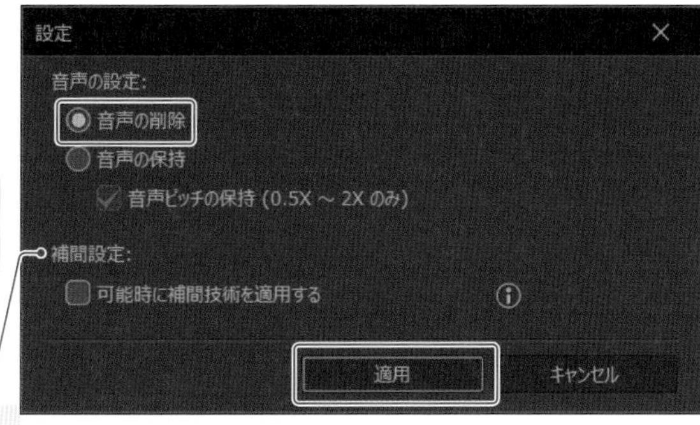

Memo
「補間設定」はピッチを下げる際にスムーズに処理をするオプションです。

「ビデオ スピード デザイナー」画面の「OK」をクリックします。

ビデオ クリップの長さが短くなりました。「再生」をクリックして確認をします。

Memo
動画の長さやパソコンのスペックにより再生が滞る場合は、「プレビュー画質」を低画質に変更します。またはビデオ クリップを選択して、タイムライン スライダーを先頭に配置してから「レンダリングプレビュー」ボタンをクリックしてレンダリングを行います。処理に時間がかかりますが一度行っておくと、次回からスムーズに再生できます。

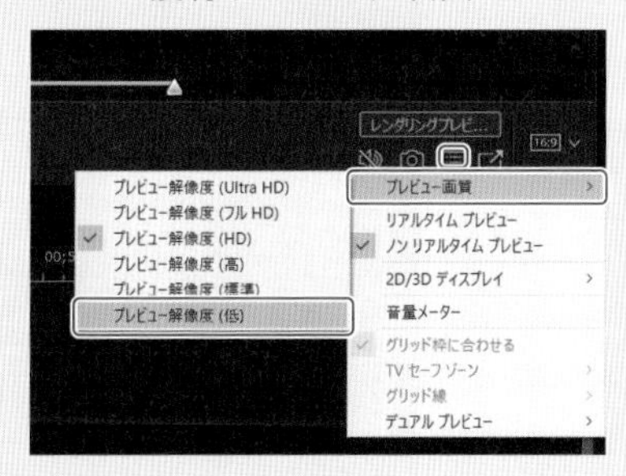

部分的にスローモーション化する

スポーツやダンスなどの決めのシーンは速度を落としてスローモーションにして注目させましょう。「ビデオ スピード デザイナー」では部分的に動画速度を変更できます。

速度を落とす範囲を指定する

部分的に動画スピードを調整したいビデオ クリップを選択して、「ツール」をクリックして「動画速度」を選びます。

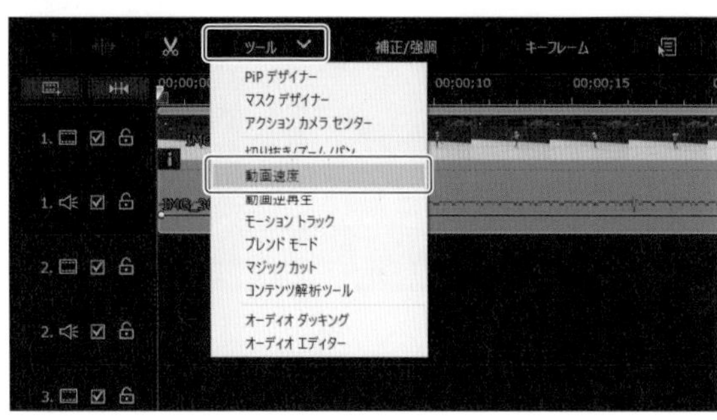

「ビデオ スピード デザイナー」画面が開くので、「選択した範囲」タブをクリックして開きます。

速度を落とす範囲を指定します。タイムライン スライダーを速度を落とし始めたい箇所にドラッグして移動して、「タイム シフトの作成」ボタンをクリックします。

タイムライン スライダーの位置から右にオレンジ色の枠が追加されます。この枠の範囲がスローモーションになります。

オレンジ色の枠の右側にマウスポインターを重ねると左右の矢印に変わります。このタイミングで元の速度に戻したい（スローモーションを終了したい）箇所にドラッグします。

指定した範囲の速度を落とす

オレンジ色の枠を選択した状態で、「所要時間」を確認したうえで「可変速」のスライダーを左にドラッグしてピッチを下げます。連動して「所要時間」の数値が長くなります。ここではスライダーを左いっぱいにドラッグして最も減速にしています。

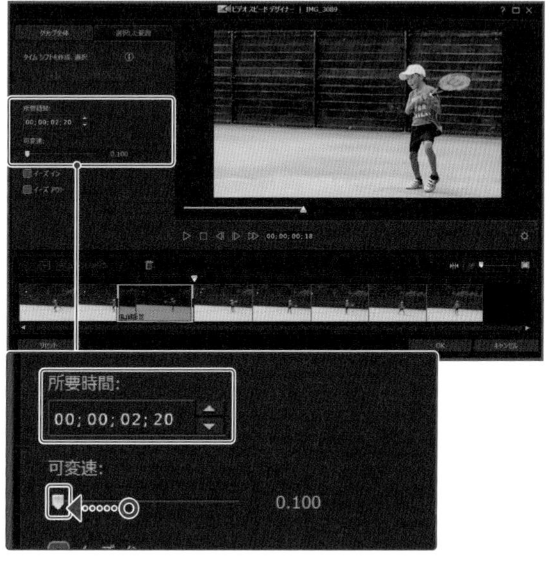

Memo

オレンジ色の枠の左下に倍速が表示されます。

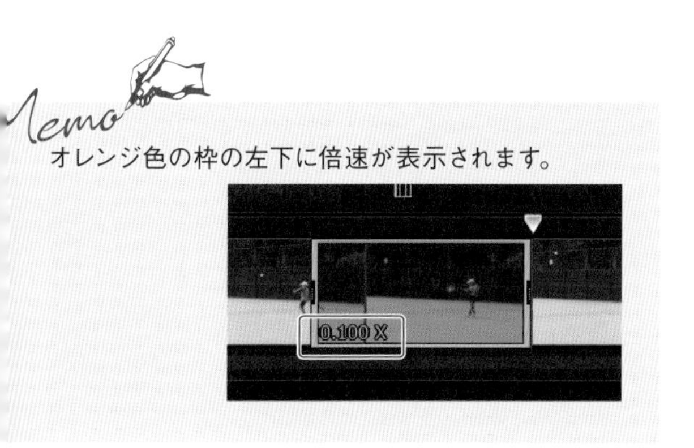

加速効果を加える

速度の落とし始めまたは終わりに速度変化の効果を加えられます。オレンジ色の枠を選択した状態で、徐々に速度を落とすには「イーズ イン」にチェックを入れます。徐々に速度を上げるには「イーズ アウト」にチェックを入れます。早く元の速度に戻ります。ここでは「イーズ アウト」を有効にします。

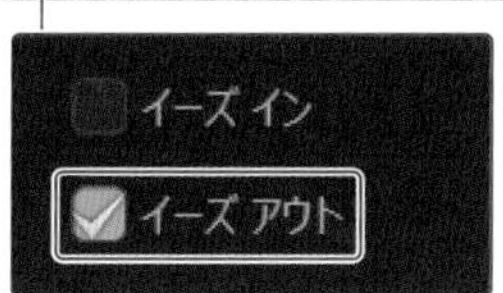

Memo

「イーズ イン」および「イーズ アウト」は「可変速」の値が小さい場合に有効です。なお「タイム シフト」の長さが短すぎると有効にできません。

音声の有無の設定

ピッチを下げる際の音声の設定をします。「設定」ボタンをクリックします。

「音声の設定」で、ビデオ クリップの元の音声を削除するのか、音声を残して音声ピッチをそのまま保持するかどうかを選びます。ここでは「音声の保持」を選びます。「可能時に補間技術を適用する」にチェックを入れて、スムーズなスローモーション処理をします。「適用」ボタンをクリックします。

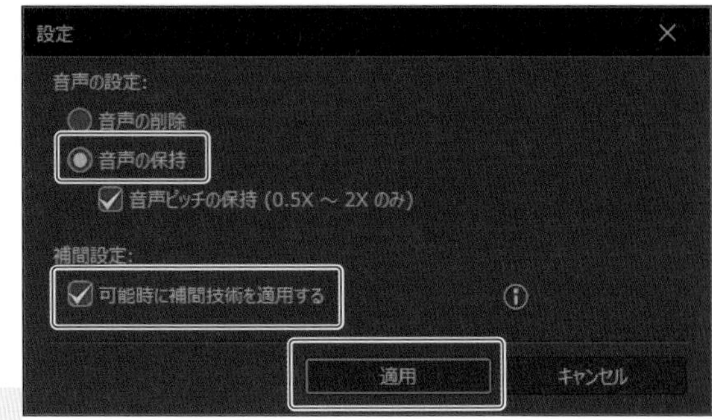

Memo

「音声ピッチの保持」は0.5～2倍速の範囲で有効です。それを越えると無音になります。

「ビデオ スピード デザイナー」画面の「OK」をクリックします。

ビデオ クリップの指定した範囲だけスローモーションになりました。「再生」をクリックして確認をします。

9-4 縦向き動画を編集する

スマートフォンで縦向きに撮影した動画を、PowerDirectorでは縦向きのまま編集して出力したり、横長の画面にはめ込んだりして活用できます。縦向きならではの特性を生かした動画作品に仕上げましょう。

縦向きのまま動画編集をする

スマートフォンを縦向きにして撮影した動画を、PowerDirectorで縦向きのまま編集します。

縦向きの新規プロジェクトを開く

PowerDirectorの起動画面で縦横比を選びます。「動画の縦横比」で「9:16」を選択して、「フル モード」をクリックします。

新規プロジェクトが開きます。「メディア ルーム」に縦向きの動画クリップを読み込み、タイムラインのビデオ トラックにドラッグ&ドロップします。

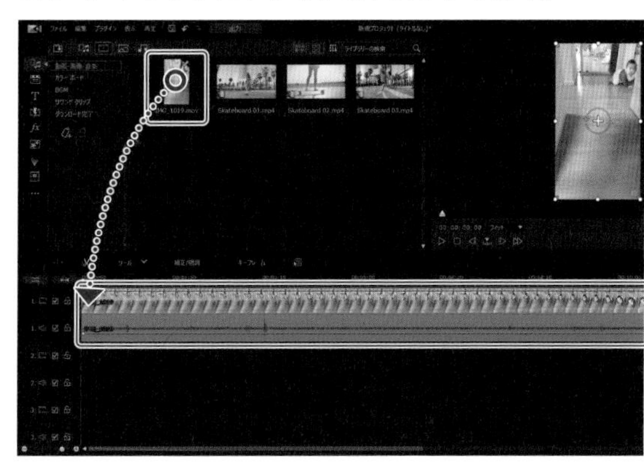

Memo

Mac版は起動画面は表示されないので、起動後にプレビュー ウィンドウの右下にある「プロジェクトの縦横比」ボタンをクリックして変更します。またWindows版も起動後に縦横比を変更できます。

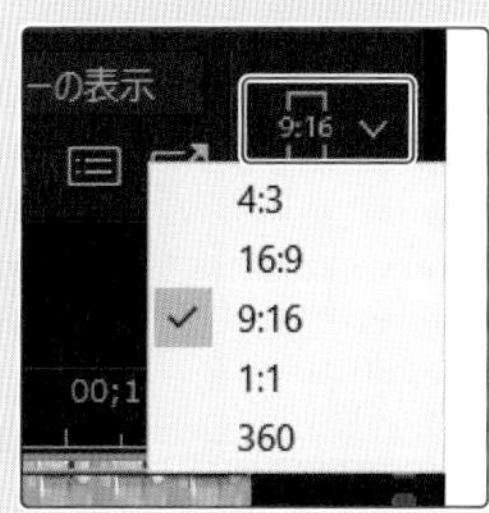

「9:16」の画面に動画を合わせて切り抜く

動画の縦横比がプロジェクトの縦横比にぴったり合っていない場合や、映像の周りに不要なものが映っている場合など、動画を画面の縦横比に合わせて切り取ります。ビデオ クリップを選択した状態で「ツール」をクリックして「切り抜き / ズーム / パン」を選びます。

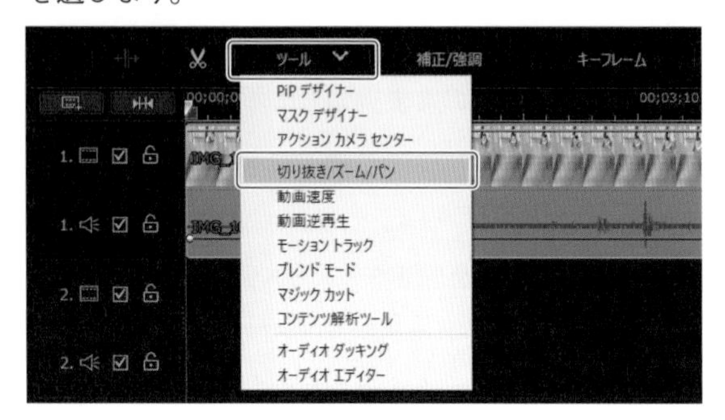

プレビューの枠の中央のハンドルをドラッグして、表示位置を調整します。「再生」で動画の表示範囲を確認して、「OK」をクリックします。

ここでは映像をズームして、映像の周りを切り落とします。「拡大 / 縮小」の「幅」または「高さ」のスライダーを左にドラッグして数値を高めてズームします。

動画が「9:16」の縦横比で切り抜かれました。

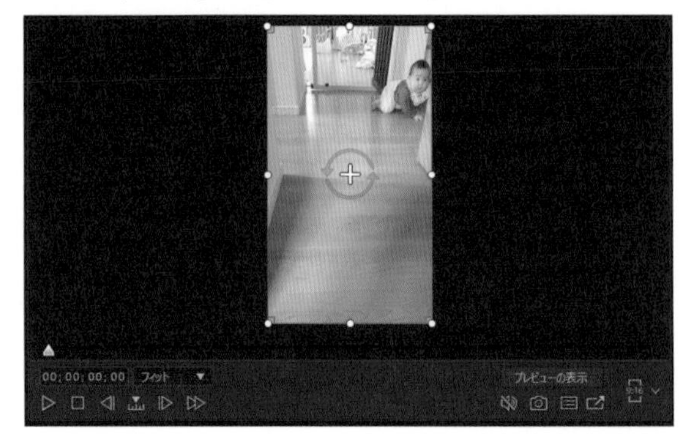

オブジェクトの動きに合わせて吹き出しを付ける

人物などのオブジェクトの動きに合わせてテキストや図形、モザイクなどを追尾させることができます。ここでは人物とともに移動するテキスト付きのボックスを付けてみましょう。ビデオ クリップを選択して「ツール」から「モーション トラック」を選びます。

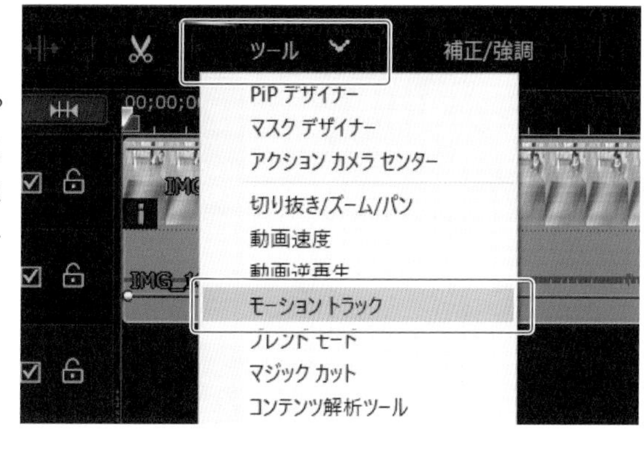

ダイアログボックスが表示された場合は「はい」をクリックして進めます。

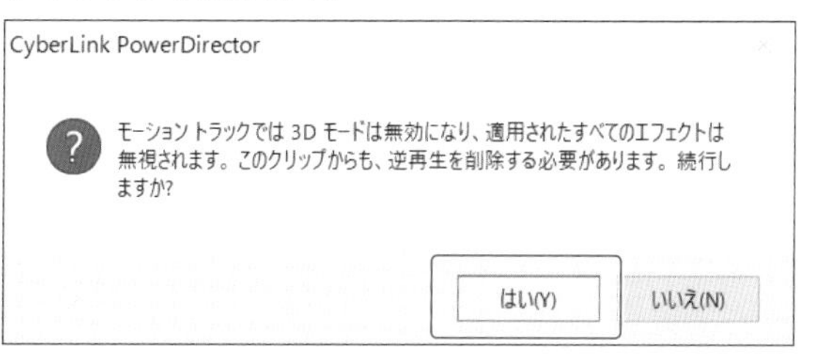

「モーション トラック」画面が開きます。ここでは自動的に人物を囲む「トラッカー選択ボックス」が追加されています。必要に応じて、ボックスの大きさや位置を調整します。

※ Mac 版には「モーション トラック」機能はありません。

Memo

「選択ボックス」で追尾させたいオブジェクトを変更したいときには、ボックスをドラッグして移動したり、サイズを調整します。

「トラック」ボタンをクリックします。再生と同時に人物の動きに合わせてトラッカーのボックスが移動します。

トラッカーの表示範囲を設定します。タイムラインの開始と終了の位置をドラッグして調整します。

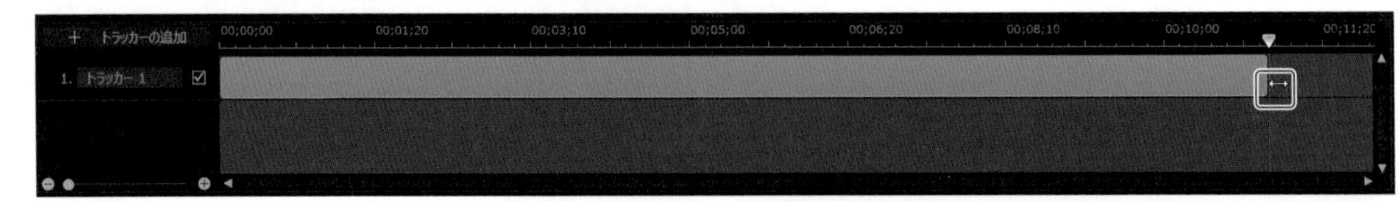

タイムライン スライダーを❶タイムラインの先頭に配置してから、❷「イメージ、PiP オブジェクト、ビデオ クリップの追加」ボタンをクリックします。❸「メディア クリップの読み込み」をクリックして、❹「ビデオ オーバーレイ ルームから読み込み」を選びます。

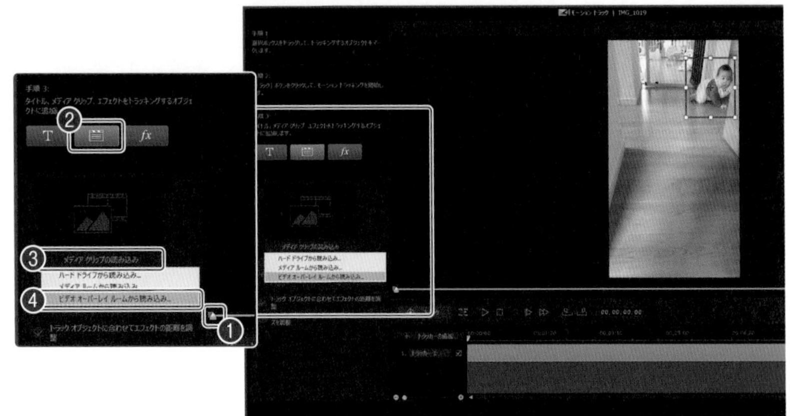

ここでは「シェイプ 13」を選択して、「OK」をクリックします。

シェイプをドラッグして位置と大きさを調整します。テキストや吹き出しの場合のしっぽの向きは後から変更します。

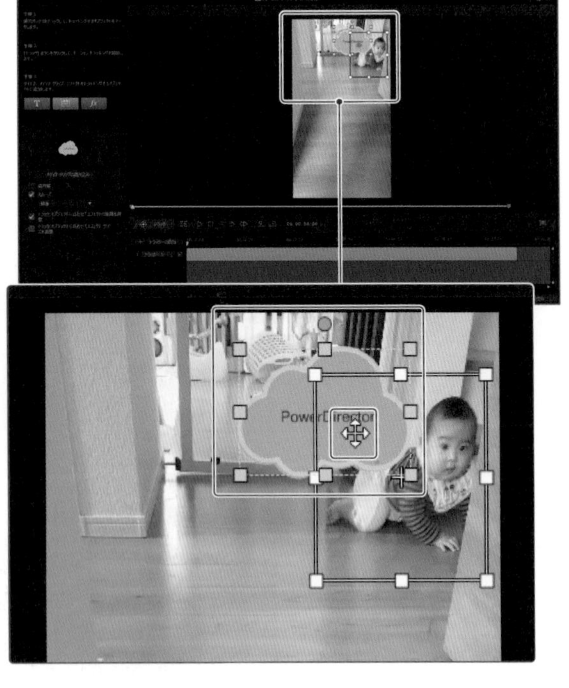

「スムーズ」を有効にして、「よりスムーズ」を選ぶと揺れを防ぎます。「トラック オブジェクトに合わせてエフェクトの距離を調整」と「トラック オブジェクトに合わせてエフェクト サイズを調整」にチェックを入れて、「OK」をクリックします。

タイムラインに「シェイプ 13」ビデオ クリップが追加されました。このクリップを選択して、「デザイナー」ボタンをクリックします。

「シェイプ デザイナー」画面が開きます。必要に応じて「シェイプの種類」でシェイプを変更したり、シェイプのスタイルを変更します。「タイトル」でテキストを入力して入れ替えます。吹き出しの場合はしっぽの先のハンドルをドラッグして方向を修正します。必要に応じて、フォントの種類や、フォント サイズなどを変更します。

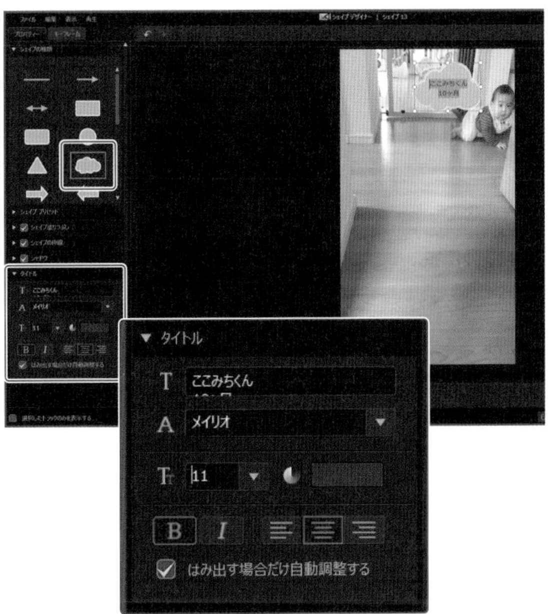

「再生」をクリックして、プレビューで人物にシェイプが追尾しているかどうかを確認します。「OK」をクリックして編集画面に戻ります。

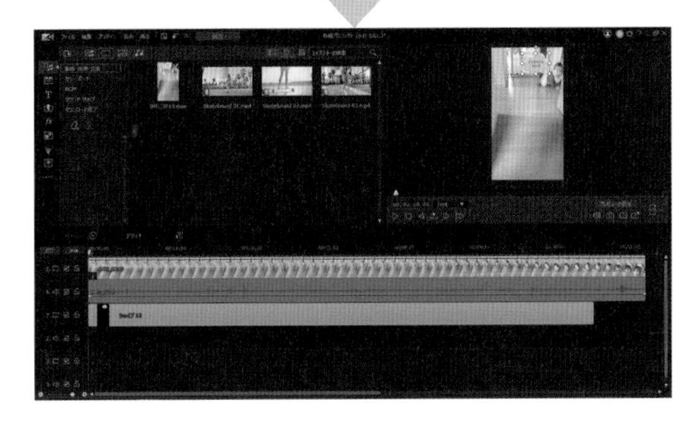

「9:16」の縦横比で出力する

「9:16」の縦向きで編集した動画を、そのままの比率で書き出します。プロジェクトを保存したら「出力」ボタンをクリックします。

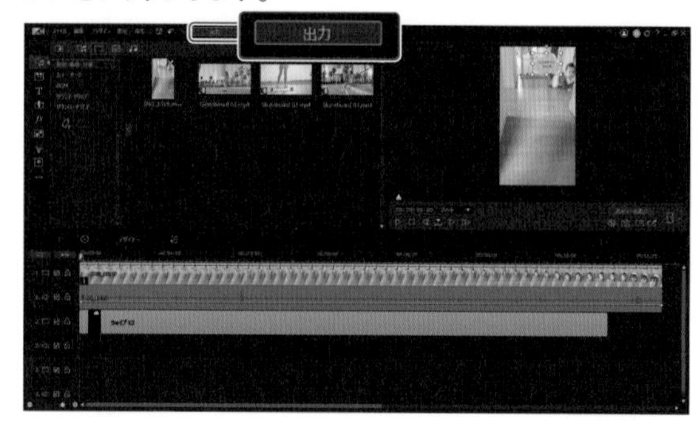

「標準 2D」タブを開きます。「ファイル形式の選択」で「H.264 AVC」を選び、「プロファイル名 / 画質」の一覧から、再生したいスマートフォンに適した解像度、フレームレート、ビットレートのプロファイルを選びます。「開始」ボタンをクリックします。

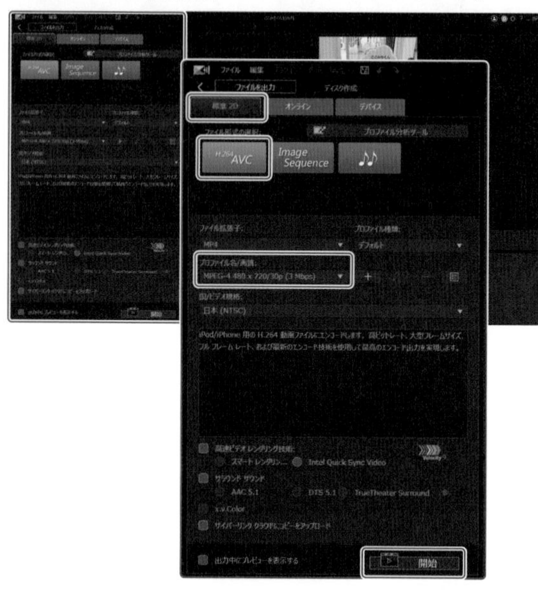

Memo

プロジェクトの縦横比が「9:16」や「1:1」の場合は、書き出せるファイル形式は「H.264 AVC」「イメージ シーケンス」「音声ファイルの出力」の 3 つに絞られます。Mac 版では「H.264 AVC」のみになります。

出力終了後は「ファイルの場所を開く」ボタンをクリックします。

エクスプローラーが開き、出力した動画ファイルが追加されています。PowerDirector で「編集に戻る」ボタンをクリックして編集画面に戻ります。

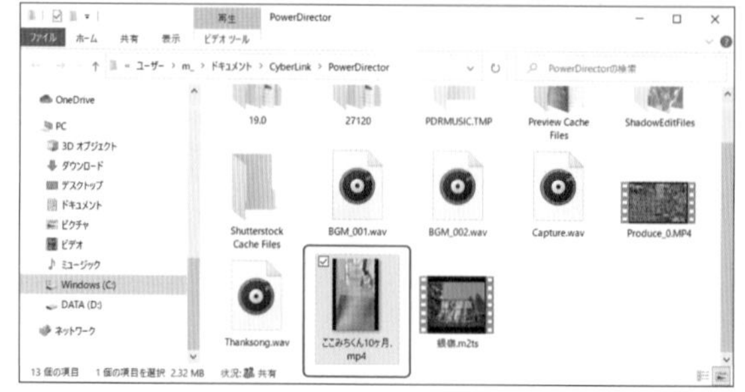

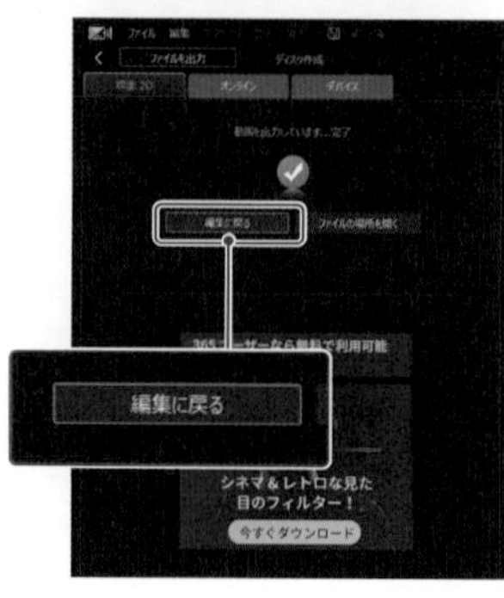

横向きの画面に縦向き動画を入れる

スマートフォンで撮影した縦向き動画を、横長の画面に入れて見せる方法です。左右にできてしまう黒い背景を、同じ動画を拡大してぼかして背景として利用します。

同じビデオ クリップを2つのトラックに追加する

起動画面で新規プロジェクトを開きます。ここでは「16:9」を選び、「フル モード」をクリックします。

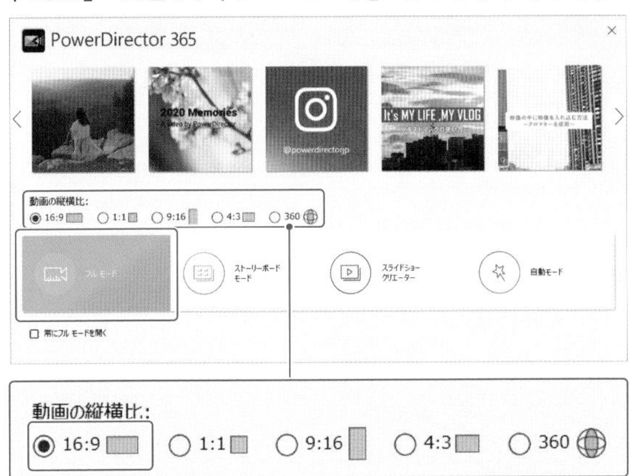

Memo

Mac 版では起動後に「プレビュー ウィンドウ」右下の「プロジェクトの縦横比」で「16:9」を選びます。

「メディア ルーム」に縦向きのビデオ クリップを読み込んで、タイムラインにドラッグ&ドロップします。

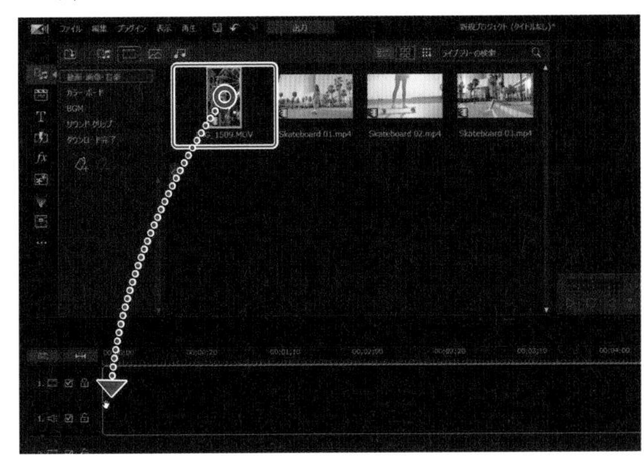

「縦横比が一致しません」というダイアログボックスが表示されます。ここでは「16:9」の画面にそのまま挿入するので「いいえ」をクリックします。

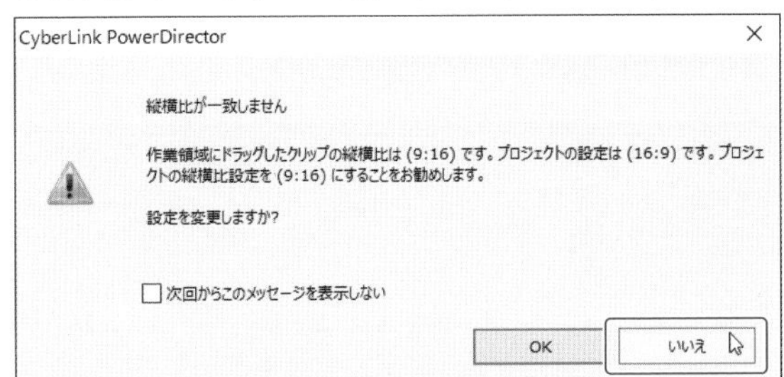

プレビュー ウィンドウに縦向きのビデオ クリップが挿入されて、左右が黒い背景になっています。

同じビデオ クリップを１つ下のトラックに開始位置を合わせてドラッグ&ドロップします。

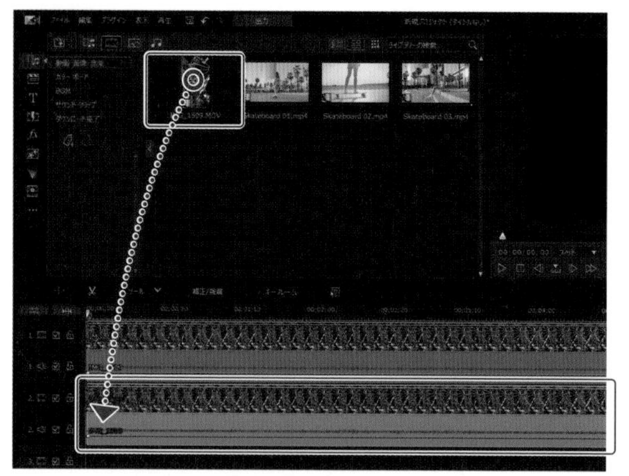

上のクリップを選択してから、「ツール」ボタンをクリックして「切り抜き / ズーム / パン」を選びます。

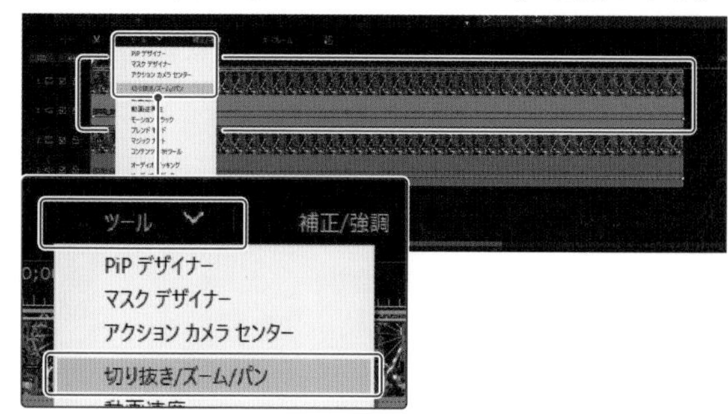

「拡大 / 縮小」の「幅」のスライダーを左にドラッグします。表示範囲を示す枠が狭まり、横向きのプレビュー画面いっぱいに表示されます。

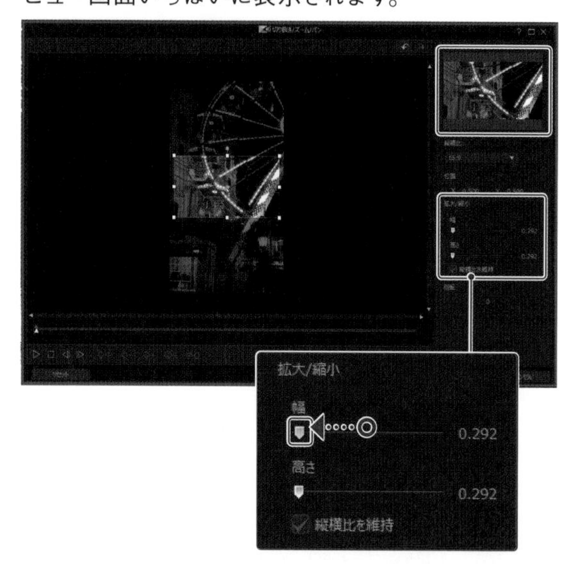

枠の中央のハンドルをドラッグして、左右に黒い背景が入らないように注意して、表示位置を調整します。「OK」をクリックします。

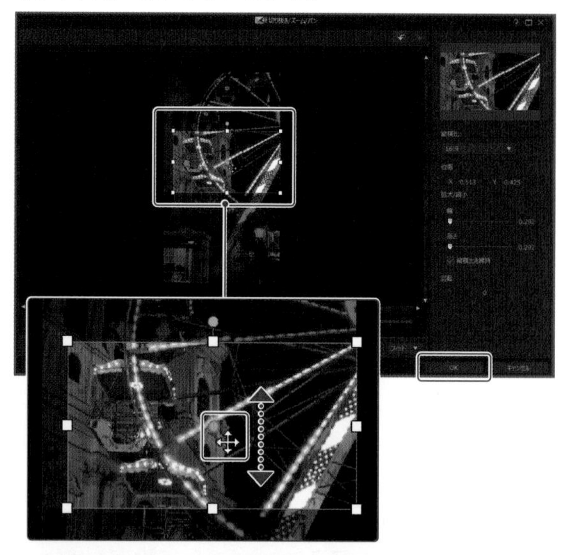

背景がズームされました。

背景のクリップをぼかす

背景をぼかします。❶「エフェクトルーム」を開きます。❷「スタイルエフェクト」の「スタイル」を開き、❸「ガウス状のぼかし」を上のビデオ クリップにドラッグ＆ドロップします。

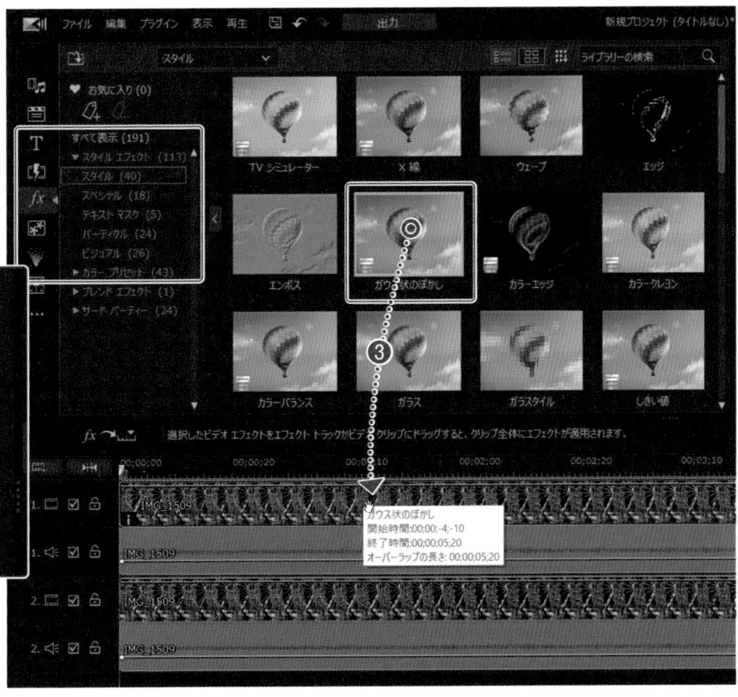

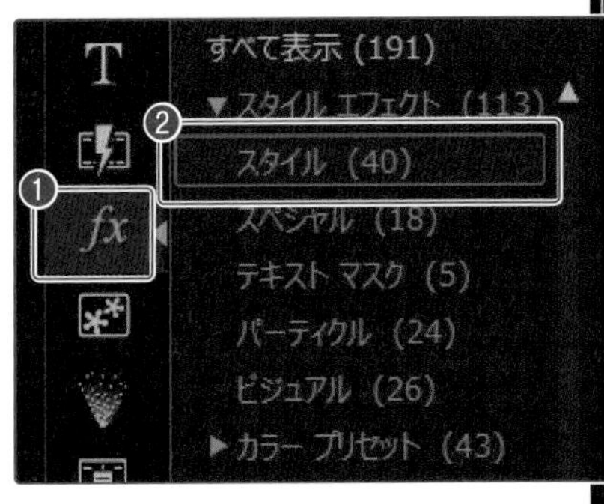

背景にぼかし効果が加わります。上の「1. ビデオ クリップ」を選択して「エフェクト」ボタンをクリックします。

「エフェクトの設定」の画面に切り替わります。「ガウス状のぼかし」が有効になっていることを確認して、「割合」のスライダーを右にドラッグしてぼかしを強調します。ここでは「20」に設定しています。「閉じる」ボタンをクリックします。

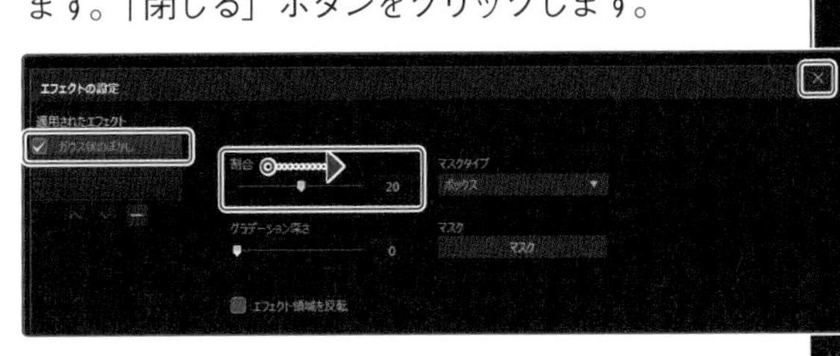

背景のクリップを明るくする

背景を明るくして、縦向きの映像を目立たせます。上のビデオ クリップを選択した状態で「補正 / 強調」ボタンをクリックします。

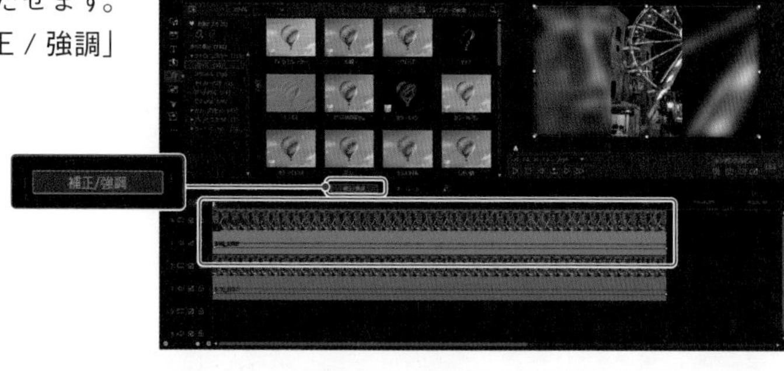

「明るさ調整」にチェックを入れて有効にします。「極度の逆光」にチェックを入れて、スライダーを右いっぱいの「100」に設定します。背景が明るくなります。「閉じる」ボタンをクリックします。

※ Mac 版には「明るさ調整」機能がないので、「色調整」の「露出」や「輝度」値を高めて調整してください。

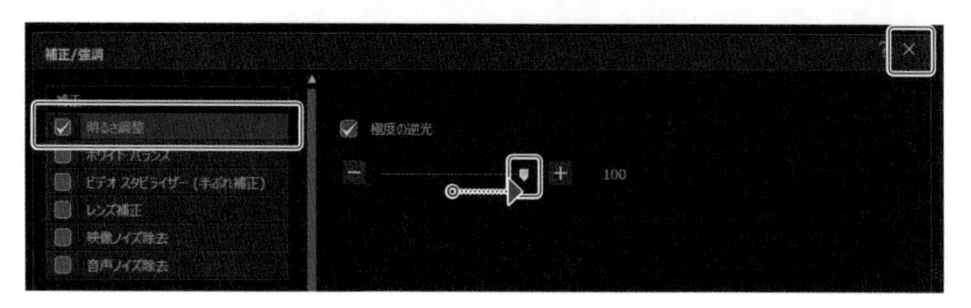

プレビュー ウィンドウの「再生」をクリックして、中央と背景の映像が同時に動く様子を確認します。

Memo

再生の途中で止まってしまう場合は「レンダリングプレビュー」ボタンをクリックしてレンダリングを行うと、スムーズに再生できます。

Memo

2 つのビデオクリップの音声が重ならないように、背景となる「1. オーディオ クリップ」の音声のチェックを外して無音にしておきましょう。

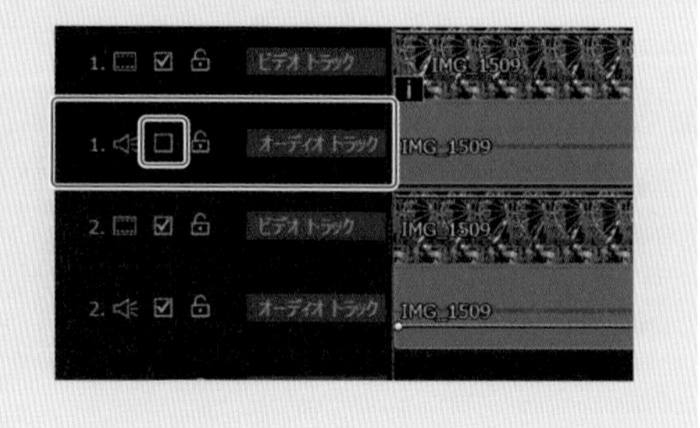

9-5 動画の見栄えをアップさせよう

レシピやものづくりの動画や、スポーツや旅行、趣味の動画など、アピールしたいシーンは必ずあるものです。ここぞという場面をより印象的に、注目させる手法を取り入れてみましょう。

高速ズームで注目させよう

スポーツシーンの撮影では、被写体をカメラで追うだけも精一杯です。そこで被写体の動きに合わせて、高速ズームで撮影したような動画に編集して臨場感を演出しましょう。

「切り抜き / ズーム / パン」画面を開く

ズームさせたいビデオ クリップを選択します。「ツール」ボタンをクリックして「切り抜き / ズーム / パン」を選びます。

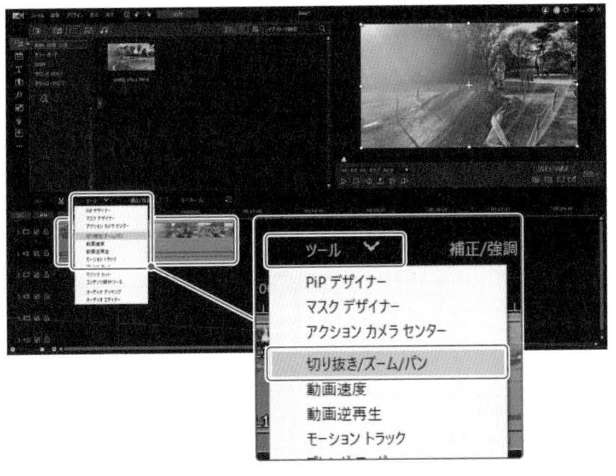

「切り抜き / ズーム / パン」画面が開きます。すでに開始位置に「◆」のキーフレームが追加されていています。現在選択されているキーフレームがオレンジ色になります。

ズームの位置とサイズを指定する

タイムライン インジケーターを右にドラッグして、最もズームさせたい箇所に配置します。「現在の場所にキーフレームを追加」ボタンをクリックします。

キーフレームが追加され、オレンジ色になっていることを確認します。「拡大 / 縮小」の「幅」のスライダーを左にドラッグして、フォーカス エリアを狭めます。

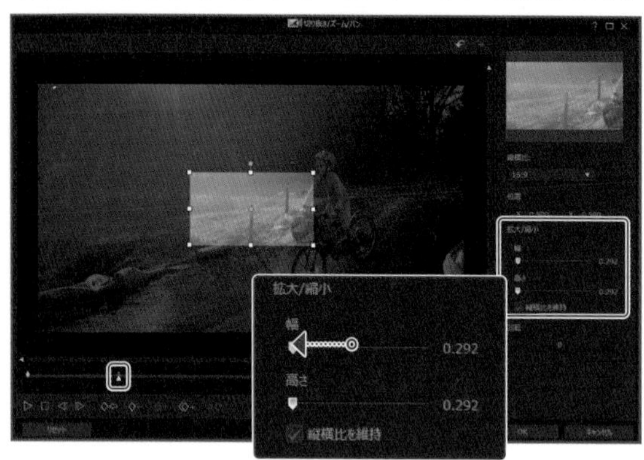

フォーカス エリアの中央のポイントを、アップにさせたい箇所にドラッグします。プレビューで的確に被写体にズームインしているかどうかを確認します。

Memo

フォーカス エリアが移動した方向に緑色の「モーション パス」が伸びます。これはキーフレームごとのフォーカス エリアの位置を示すもので、実際の動画には描画されません。

動きに合わせてキーフレームを追加する

❶「再生」ボタンをクリックして、❷タイムライン インジケーターを先に進めます。被写体が動くことで❸フォーカス エリアからはみ出します。そのフレームで❹「一時停止」ボタンをクリックして止めます。❺「現在の場所にキーフレームを追加」ボタンをクリックします。

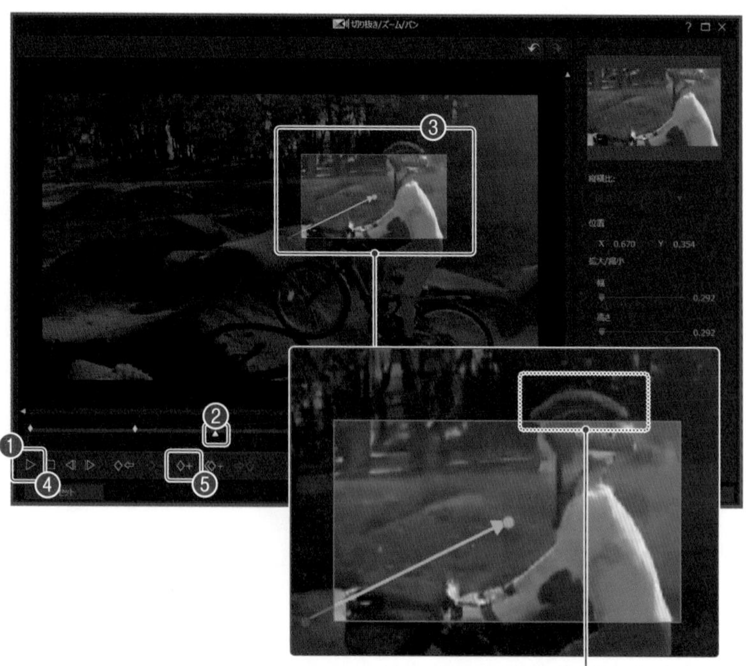

キーフレームが追加されます。被写体が収まるようにフォーカス エリアをドラッグして移動します。これによりカメラが的確に被写体をとらえてパンさせた効果になります。

同じように先に進めて、キーフレームを追加し、フォーカス エリアを移動します。さらにフォーカス エリアの枠のハンドルを外側にドラッグして広げることで高速でズームアウトしたような効果になります。

先に進めてキーフレームを追加し、フォーカスエリアの調整を繰り返します。「再生」をクリックして「プレビュー」で全体のカメラワークを確認したら「OK」をクリックします。

Memo

調整後のビデオ クリップを選択して「ツール」から「切り抜き / ズーム / パン」を選ぶと、再調整ができます。

動きを止めてズームで注目させよう

動画の動きを止めたまま数秒間注目させたいときには、「フリーズ フレーム」で静止画をスナップショットとして挿入します。

※ Mac 版には「フリーズ フレーム」機能はありません。

フリーズ フレームで静止画のクリップを挿入

タイムラインでビデオ クリップを選択した状態で、静止させたい位置にタイムライン スライダーをドラッグします。

「その他機能」ボタンをクリックして、「動画の編集」の「フリーズ フレーム」を選びます。

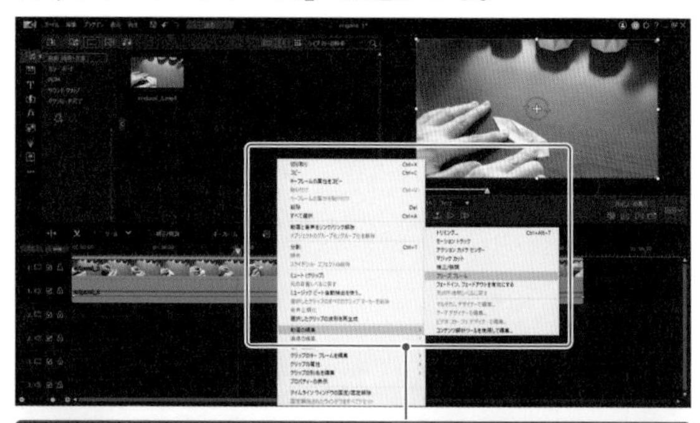

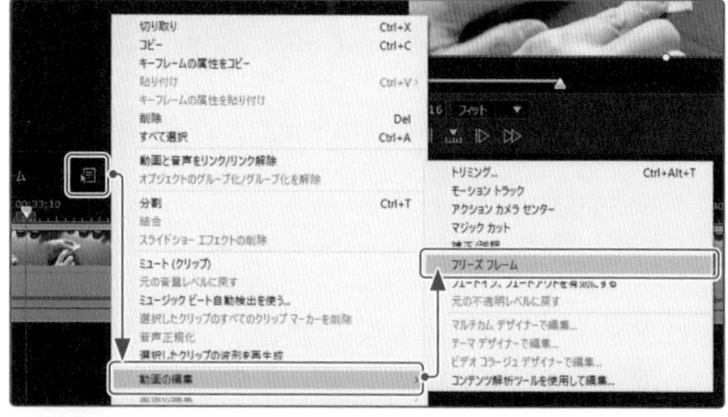

ビデオ クリップの指定した位置に「スナップ ショット」クリップが挿入されます。

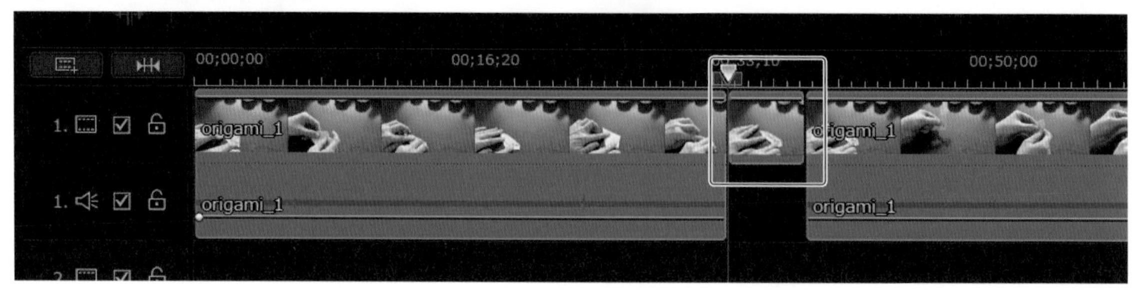

スナップ ショット クリップの時間を設定する

スナップ ショット クリップの所要時間は初期設定で「5 秒間」です。

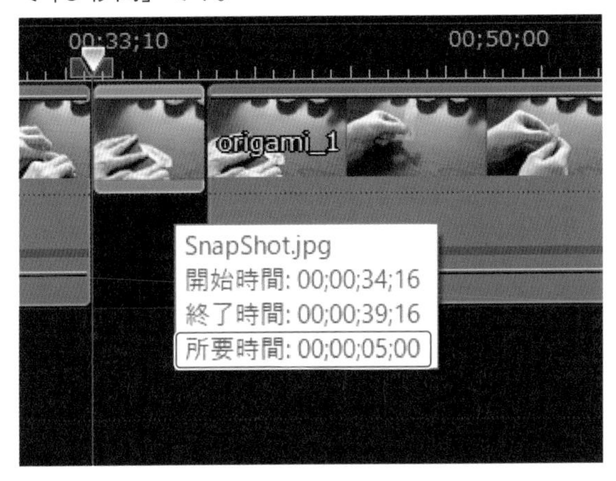

所要時間を変更する場合はクリップを選択して「選択したクリップの長さを設定」ボタンをクリックします。

「所要時間の設定」画面で、時間、分、秒の部分をクリックして数値を入力するか、右側の上下のボタンをクリックして変更します。ここでは「3 秒」に設定して「OK」をクリックします。

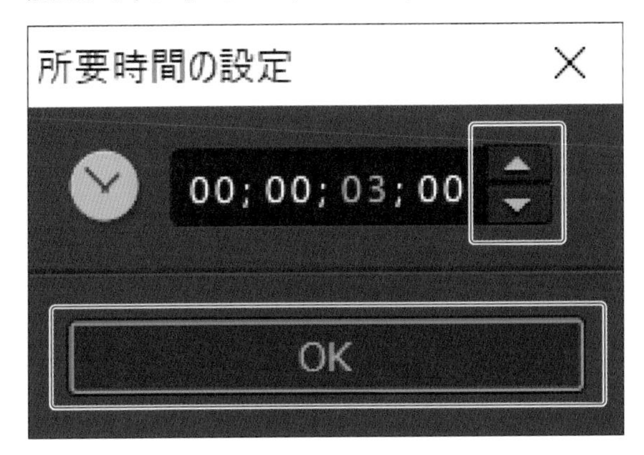

3秒間静止したクリップになりました。

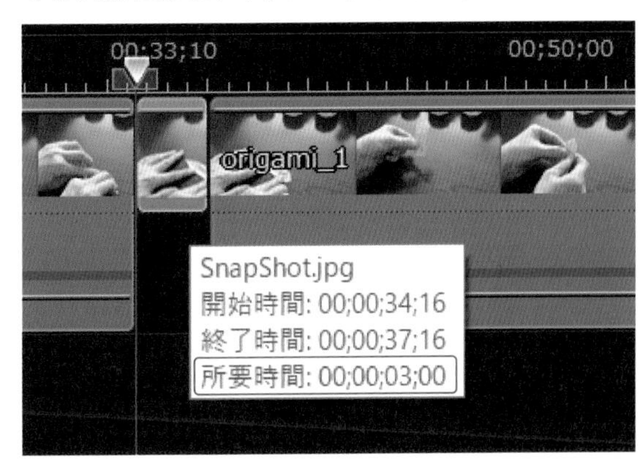

手描きアニメーションで注目させよう

動画にペイント アニメーションを入れてみましょう。リアルに手で描いているような動きが目にとまります。ここではスナップ ショット クリップに重ねて表示します。

※ Mac 版には「ペイント デザイナー」機能はありません。

「ペイント デザイナー」画面を開く

ペイント アニメーションの開始位置に、タイムライン スライダーをドラッグします。

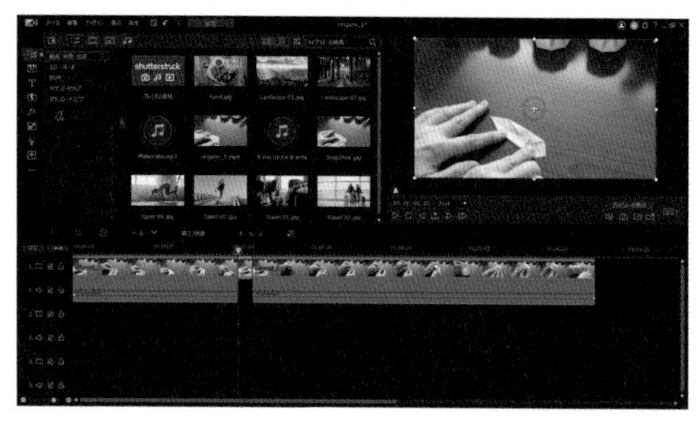

「ビデオ オーバーレイ ルーム」を開き、「ペイント デザイナー」で新しい手描きのペイント アニメーションを作成する」ボタンをクリックします。

「ペイント デザイナー」画面が開きます。

手描きアニメーションを作成する

「ツール」で筆記ツールの種類を選びます。ここでは「クレヨン」を選んでいます。「幅」のスライダーをドラッグしてブラシの太さを調整します。

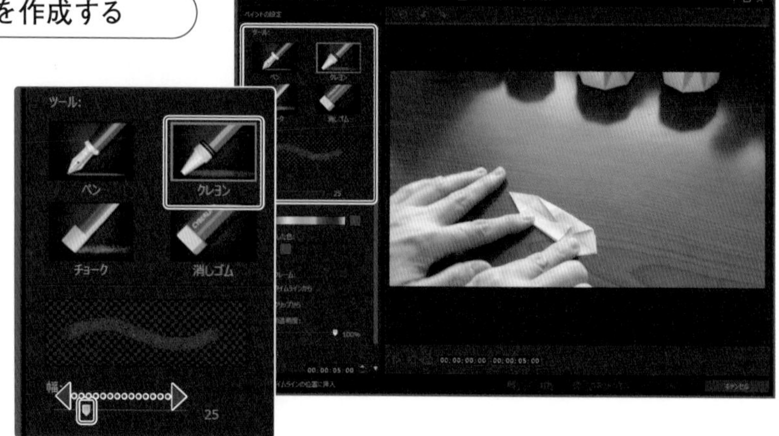

「カラー」の「ブラシの色を選択」のボックスをクリックして、描く色を選びます。ここでは黄色を選択しています。「OK」をクリックします。

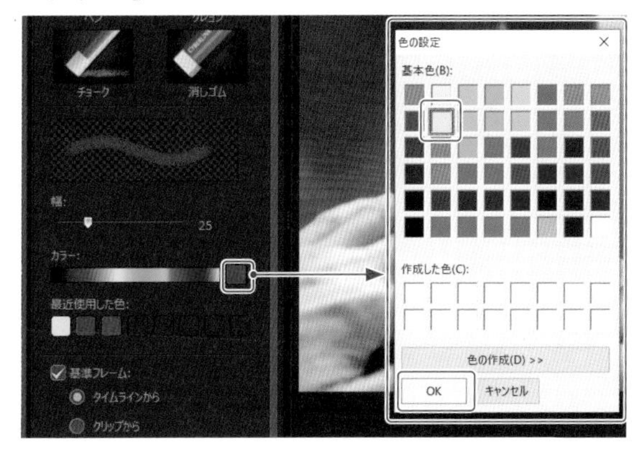

「出力時間」で、ストロークを描く時間を「再生」で設定します。ここでは「3 秒間」で描く様子を再生します。また「フリーズ」には描き終わった状態を静止させて表示する時間を設定します。ここでは「2 秒間」に設定しています。

プレビューの映像を参考にしながら、ドラッグしてストロークを描きます。描く速度はゆっくりでもかまいません。最終的に「再生」で設定した時間に短縮されます。

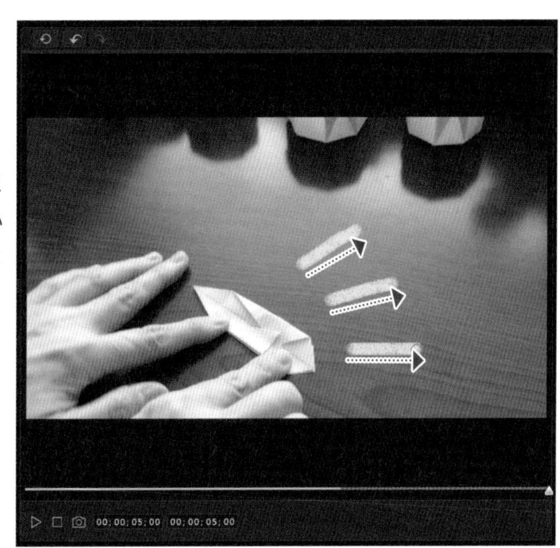

Memo

手描きをやり直したいときには「元に戻す」ボタンをクリックします。またすべてのストロークを消したいときは「キャンバスを消去」ボタンをクリックします。

「再生」をクリックして3秒間で描き、2秒間そのまま静止してからスケッチが消えるまでの映像を確認します。「現在のタイムラインの位置に挿入」にチェックを入れて、「OK」をクリックします。

「テンプレートとして保存」画面が開きます。テンプレートの名前を入力し、スライダーをドラッグして、内容がわかりやすいフレームを指定します。「OK」をクリックします。

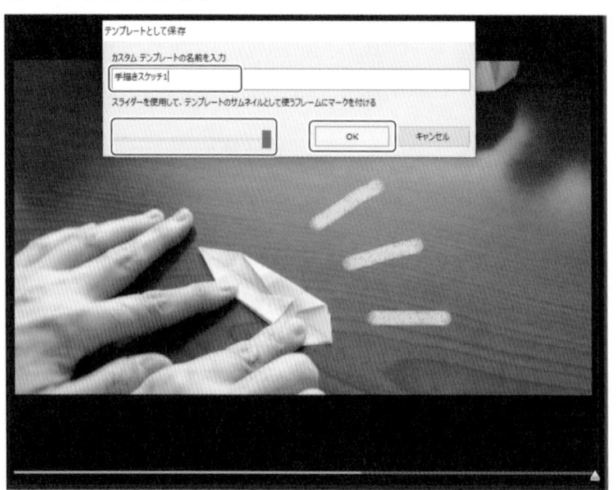

ビデオ クリップの下のビデオ トラックに、作成した手描きアニメーションのクリップが追加されました。

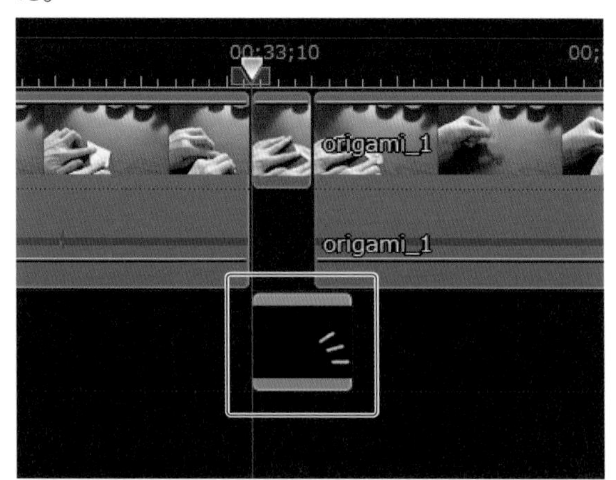

Memo

作成した手描きスケッチ クリップは、「ビデオ オーバーレイ ルーム」の「カスタム」に追加されています。

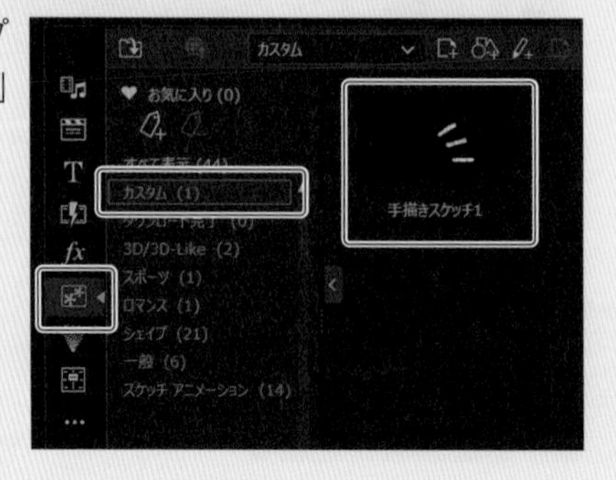

クロマ キー合成で注目させよう

元になる映像に、グリーンスクリーンやブルーバックで撮影した映像の背景を透明にして合成する技法を「クロマ キー合成」といいます。別々の場所で撮影した映像をできるだけ自然に見えるように重ね合わせるのがポイントです。

クロマ キー合成用クリップの背景を透明にする

タイムラインに❶ベースとなるビデオ クリップを追加してから、その下に❷クロマ キー合成用のビデオ クリップを重ねて配置します。

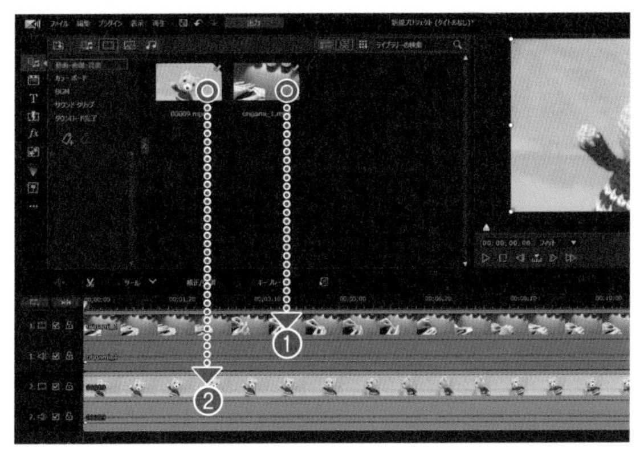

クロマ キー合成用のビデオクリップを選択します。「ツール」ボタンをクリックして「PiP デザイナー」を選びます。

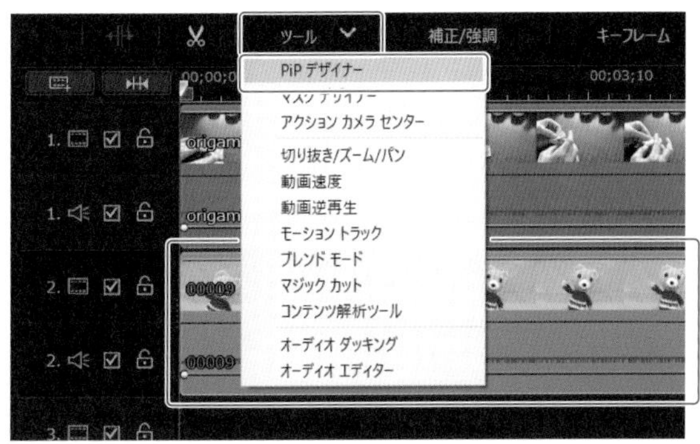

「プロパティ」タブが開き、「クロマ キー合成」を開いてチェックを入れます。「スポイトで削除する色を選択する」ボタンをクリックします。スポイト型のポインターで、単色の背景をクリックします。

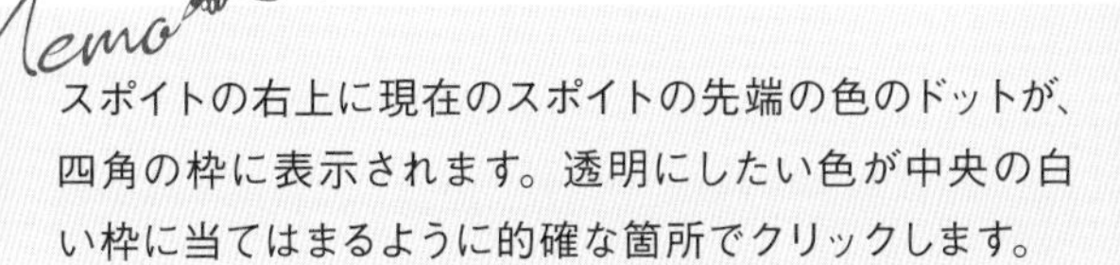

Memo

スポイトの右上に現在のスポイトの先端の色のドットが、四角の枠に表示されます。透明にしたい色が中央の白い枠に当てはまるように的確な箇所でクリックします。

背景が透明になりました。

境界線が背景になじむように微調整する

オブジェクトの輪郭の色が目立つ場合は「クロマキー合成」の「色の範囲」のスライダーを右にドラッグして、透明な領域を広げることで輪郭の幅を狭めます。オブジェクトが不自然に消えない程度に設定します。

さらに輪郭を自然になじませるには、オブジェクトがまだらに消えないように「ノイズ除去」のスライダーを右にドラッグします。

クロマ キー オブジェクトの位置を調整する

元のビデオ クリップの映像と、クロマ キーのオブジェクトが適した位置で重なるように位置を調整します。「PiP デザイナー」画面で「オブジェクトの設定」を開きます。「位置」の「現在のキーフレームを追加 / 削除」をクリックして、キーフレームを追加します。

「選択モード」を選んだ状態で、オブジェクトをドラッグして移動します。

タイムライン スライダーを右にドラッグして、必要に応じて要所にキーフレームを追加してオブジェクトの位置の調整を繰り返します。調整が終わったら「OK」をクリックします。

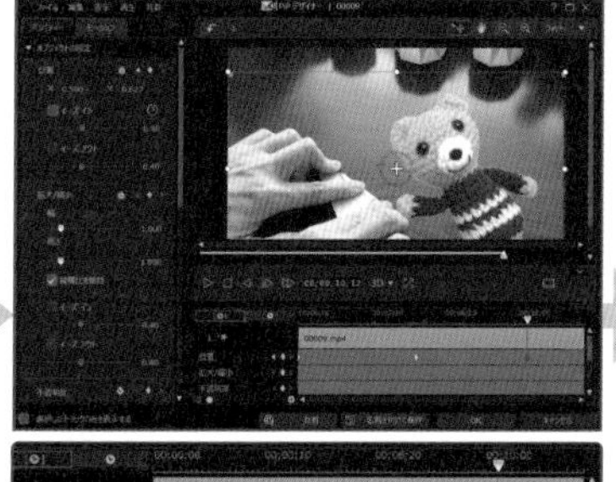

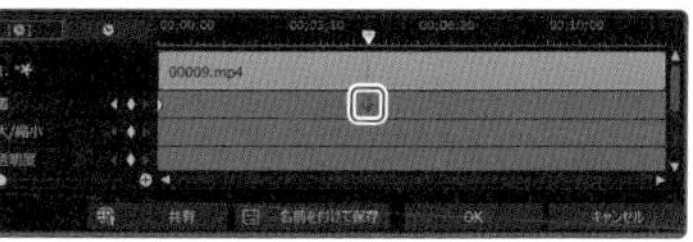
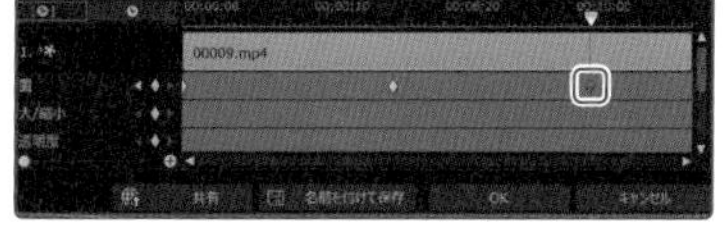
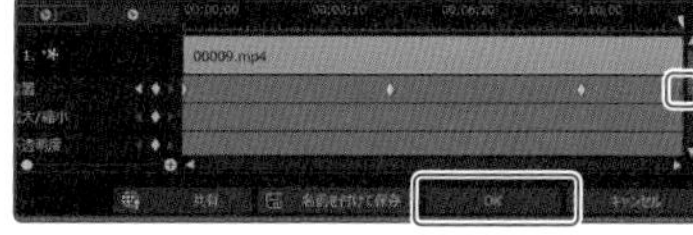

全体を再生して、クロマ キー合成の完成です。

Memo

合成したあとでもクロマ キー合成用のビデオ クリップを選択して「ツール」から「PiP デザイナー」を開けば再調整ができます。

9-6 エフェクトやプラグインを活用しよう

PowerDirectorにはプロのような映像効果を簡単に加えられるプラグインやエフェクトが用意されています。複数のビデオ クリップを使って、カメラをテンポ良く切り替えたり、独特な雰囲気のあるシーン作りに役立てましょう。

複数のカメラで同時に撮影した映像を切り替えよう

複数のカメラで同時に撮影した映像を、「マルチカム デザイナー」で映画やテレビ番組のようにカメラを切り替えて撮っているかのように見せましょう。シーンの展開にメリハリが付き、見ていて気持ちも高まります。

※ Mac版には「マルチカム デザイナー」機能はありません。

ビデオ ソースを読み込む

「マルチカム デザイナー」では、2～4台のカメラで同時に撮った動画を使って、1つの動画にまとめることができます。

新規プロジェクトを開き、「メディア ルーム」に使用する最大で4つのビデオ クリップを読み込んで、「Ctrl」キーを押しながら2～4個選択しておきます。「プラグイン」メニューから「マルチカム デザイナー」を選びます。

「マルチカム デザイナー」画面が開くと、カメラ エリアにそれぞれビデオ クリップが読み込まれ、「カメラ 1」から「カメラ 4」のタイムラインに追加されています。

クリップを同期する

読み込んだ4つのビデオ クリップの位置を同期します。「同期」の右側のボックスをクリックして、どのような方法で4つのクリップを同期するかを選びます。ここでは「音声の分析」を選び、それぞれの音声が一致するようにビデオ クリップを並べます。「適用」ボタンをクリックします。

タイムラインのビデオ クリップの開始位置が自動的に同期しました。「通常動画」ボタンをクリックして、4つの映像をカメラを切り替えながら録画していきます。

録画しながらカメラを切り替える

プレビュー ウィンドウの下に「録画」ボタンが追加されます。ここをクリックすると録画が始まります。

4つのカメラの映像を見比べながら、タイミング良くカメラの画面をクリックして切り替えます。キーボードの「1」「2」「3」「4」キーを押して切り替えもできます。

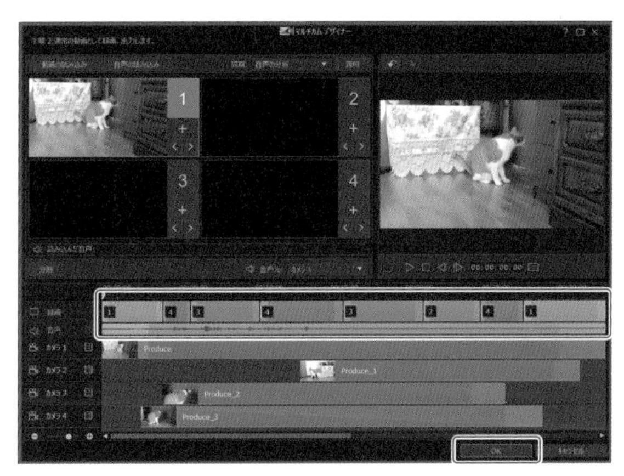

録画終了後は「録画」トラックに切り替えたカメラ番号の付いたビデオ クリップが追加されました。「OK」をクリックします。

編集画面に戻り、ビデオ クリップが配置されました。

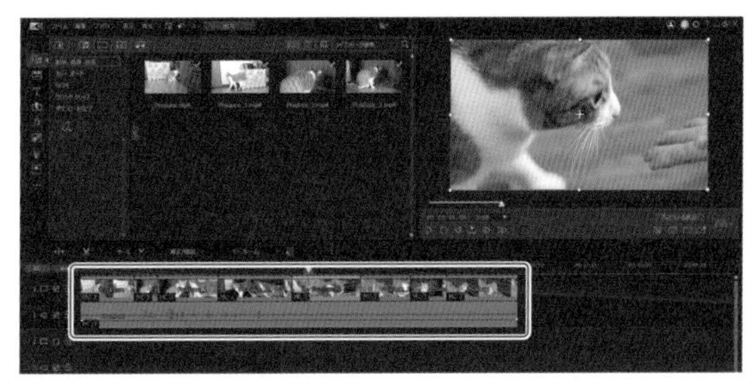

Memo

一度編集画面に戻っても、マルチカム デザイナーで録画したビデオクリップを選択した状態で、「ツール」の「マルチカム デザイナー」を選ぶと、再編集ができます。

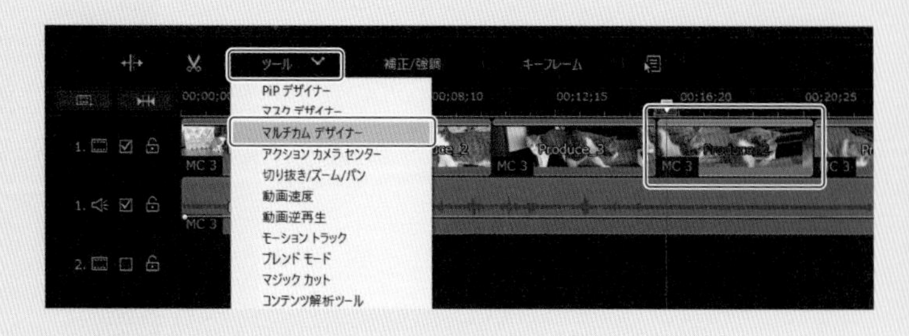

Memo

マルチカム デザイナーでクリップの同期後、「ビデオ コラージュ」ボタンをクリックすると、「ビデオ コラージュ デザイナー」画面に切り替わります。ここで複数画面に映像をレイアウトして表示させることができます。レイアウトの種類はダウンロードすることもできます。なお Mac 版では「プラグイン」メニューから「ビデオ コラージュ デザイナー」を選んで、複数画面の映像を 1 つの画面にレイアウトができます。

ビデオ クリップをブレンドして幻想的なシーンを作ろう

2 つの異なるシーンを重ね合わせてブレンドすると、幻想的な映像に変わります。ここでは夜の建物に、光を投影したプロジェクション マッピングのような効果を加えます。

映像 1　映像 2

2つのビデオ クリップを重ねて配置する

新規プロジェクトを開き、2つのビデオ クリップを「メディア ルーム」に読み込んでおきます。
上のビデオ トラックに投影される建物のビデオ クリップ（映像1）をドラッグ&ドロップして追加し、下のビデオ トラックに、投影する光源の役割をするビデオ クリップ（映像2）をドラッグ&ドロップして追加します。

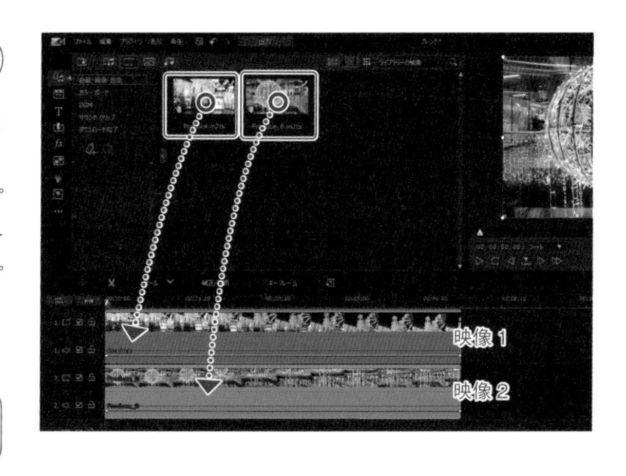

下のビデオ トラックにブレンド モードを適用する

光源の役割をするビデオ クリップをクリックして選択します。「ツール」ボタンをクリックして「ブレンド モード」を選びます。

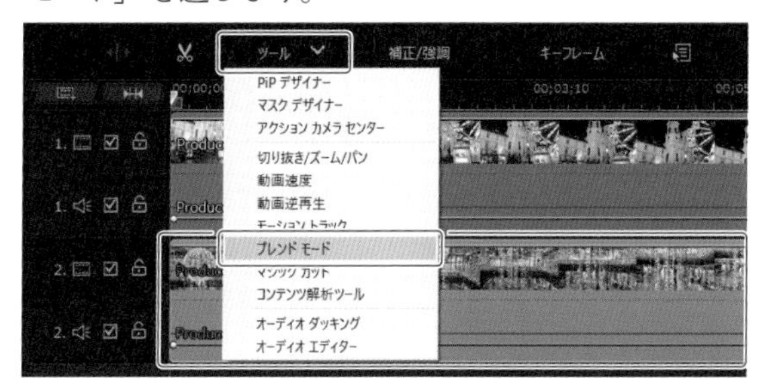

「ブレンド モード」画面が開きます。ボックスをクリックすると、「標準」を除いて7種類のブレンド モードがあります。

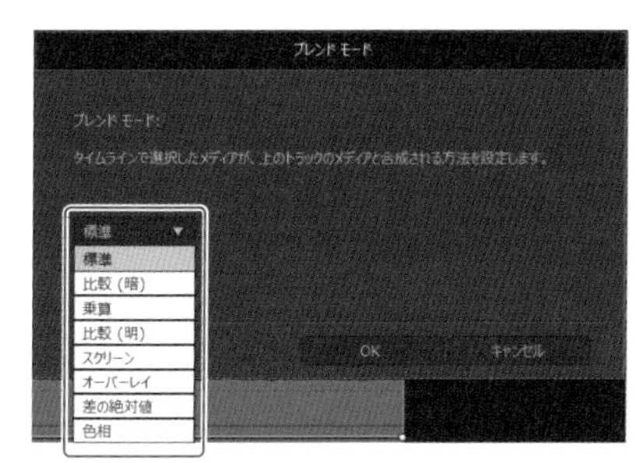

効果名を選ぶと、プレビューに効果を適用した結果が表示されます。ここでは「オーバーレイ」を選びます。「OK」ボタンをクリックして適用します。

ブレンド モードの適用例（不透明度100%）

標準

ブレンド モードが適用されていない状態です。

オーバーレイ

透明感を保ちながら色鮮やかに合成します。

乗算

濃い色がより濃く、透明感を保ちながら合成します。

ブレンド モードを調整する

投影の光の効果が強すぎる場合は、ブレンド モード効果を加えた映像を薄くしたり、光の効果を強めたい時にはブレンド モードを変更したりします。

ブレンド モードを適用したビデオ クリップを選択した状態で、「ツール」ボタンをクリックして「PiP デザイナー」を選びます。

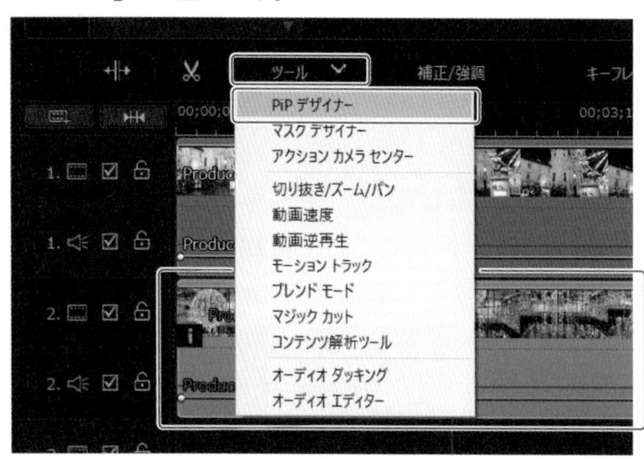

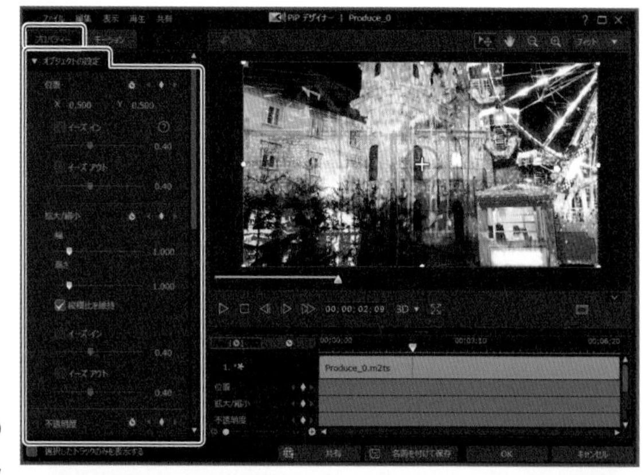

「プロパティー」タブの「詳細」画面で「オブジェクトの設定」を開きます。「不透明度」のスライダーを左にドラッグすると投影した光が透けていき、建物の元の映像が前面に表示されていきます。

「ブレンド モード」の右のボックスをクリックして、一覧からブレンド モードを変更できます。「OK」をクリックして、調整を適用します。

9-7 便利な編集ツールを使おう

撮った動画を手早く作品にして人に見せたいというときや、簡単にテロップやエンドロールを付けたいといったときには、自動や簡単に編集できるツールを活用しましょう。

自動で BGM 動画作品を作ろう

「マジック ムービー ウィザード」を使うと、動画ファイルやスタイル、BGM を選ぶだけで、簡単に BGM 付きの動画作品を作れます。ここではシンプルな「オリジナル」のマジック スタイルを使用します。

※ Mac 版には「自動モード」および「マジック ムービー ウィザード」はありません。

「自動モード」を選んで動画ファイルを読み込む

PowerDirector を起動します。起動画面で動画の縦横比を選びます。ここでは「16:9」を選び、「自動モード」をクリックします。

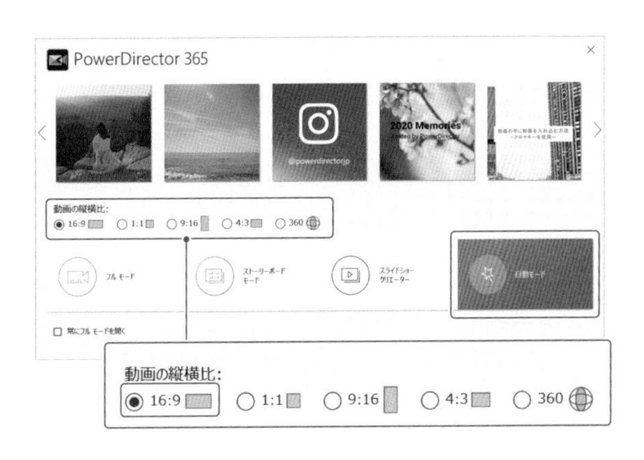

「マジック ムービー ウィザード」画面が開きます。「1. ソース」の「メディアの読み込み」ボタンをクリックして、ここでは「メディア ファイルの読み込み」を選びます。

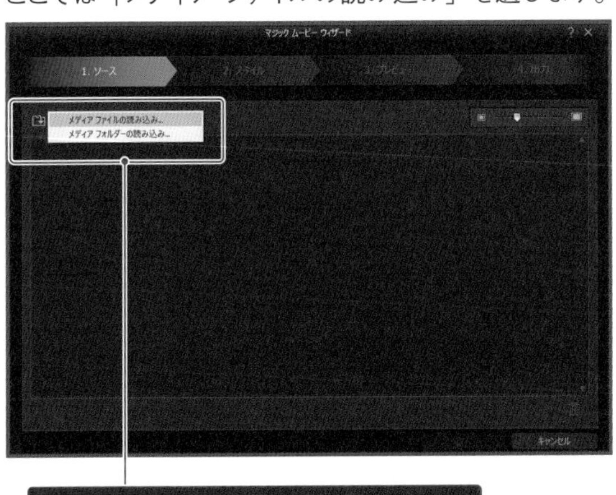

エクスプローラーが開きます。読み込みたい動画ファイルがあるフォルダーを開き、複数の動画ファイルを Ctrl キーを押しながらクリックして選択して、「開く」ボタンをクリックします。

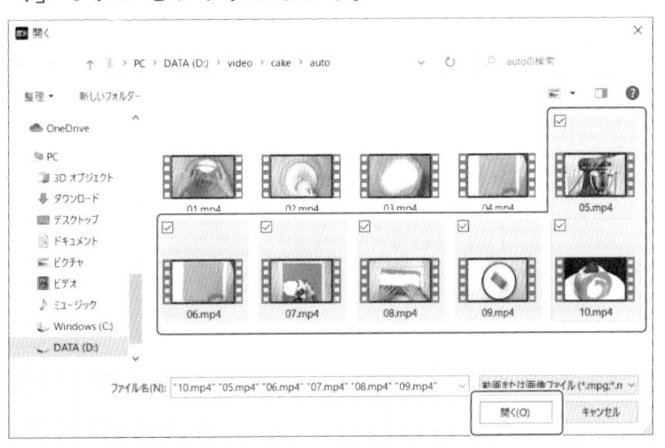

動画が読み込まれました。「次へ」ボタンをクリックします。

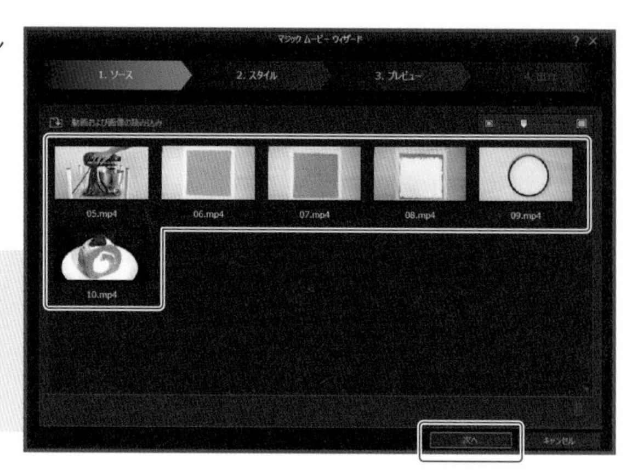

Memo

「マジック ムービー ウィザード」はメニューバーの「プラグイン」からも起動することができます。

※ Mac 版にはありません。

スタイルと BGM を選ぶ

「2. スタイル」画面に切り替わります。ここでマジック スタイルを選びます。

ここでは「オリジナル」をクリックします。「設定」ボタンをクリックします。

「音楽を追加」ボタンをクリックして、パソコンに保存されている音楽ファイルを選ぶか、または「音楽をダウンロード」をクリックして、ダウンロードします。次に「3. プレビュー」をクリックします。

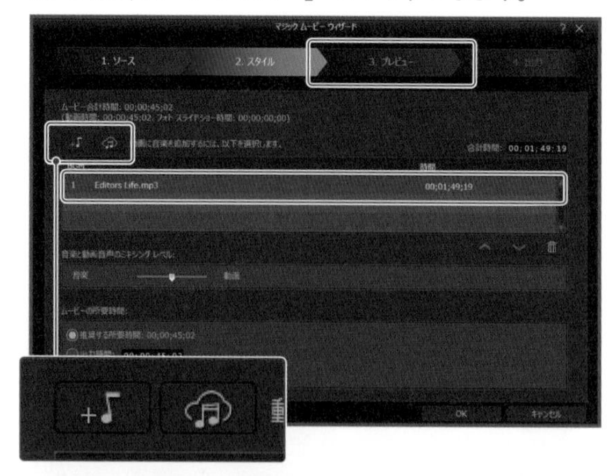

タイトルを編集して出力する

「3. プレビュー」画面で「開始タイトル」と「終了タイトル」に動画のタイトルを入力します。不要であれば削除してもかまいません。

「再生」をクリックして、作成した動画を確認します。「次へ」ボタンをクリックします。

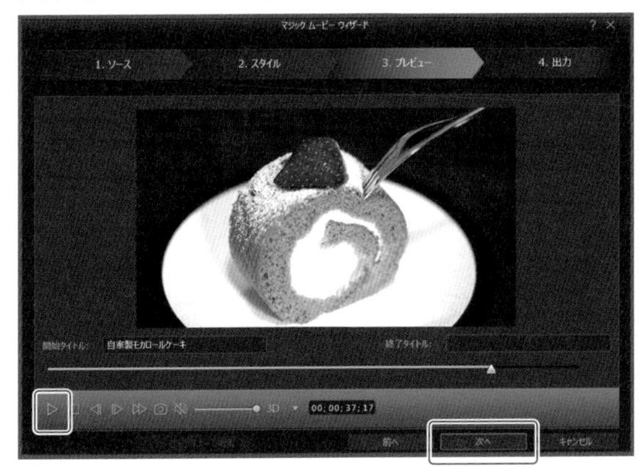

編集画面に切り替わり、作成した動画のビデオ クリップが追加されています。プロジェクトとして保存してから、編集を加えましょう。

「4. 出力」画面に切り替わります。動画ファイルとして書き出すには「動画出力」を選びます。直接DVDなどのディスクに書き込む場合は「ディスク作成」を選びます。また、タイムラインで動画編集に引き継ぐ場合は「詳細編集」を選びます。ここでは「詳細編集」をクリックします。

Memo

タイトルやBGMのクリップは、下のトラックに配置されています。

テロップやエンドロールを付けよう

ビデオ クリップをつなげて BGM やタイトルもつけたものの、中間の流れが平坦だったり、終わり方があっけないといったときには、テロップやエンドロールを加えてみましょう。

字幕マーカーを付ける

「字幕ルーム」で再生をしながら字幕マーカーをつけていきます。「…」ボタンをクリックして「字幕ルーム」を開きます。

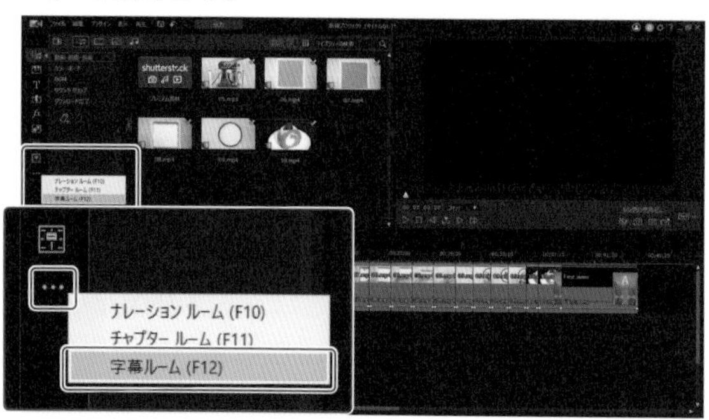

タイムライン スライダーが先頭にあることを確認して、「再生」ボタンをクリックします。

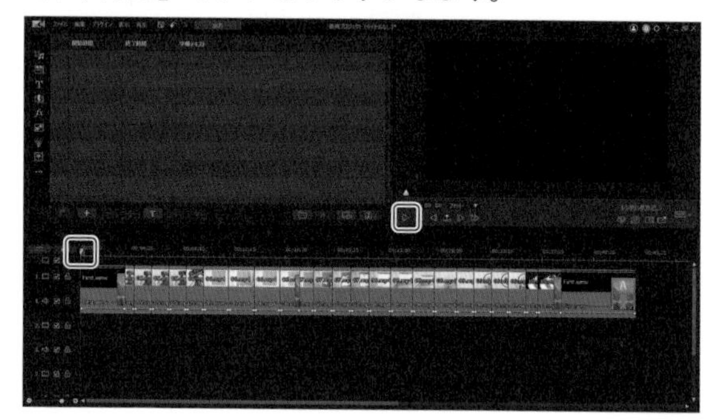

再生が始まります。字幕を入れたいフレームで「再生中に複数の字幕マーカーを追加」ボタンをクリックします。字幕トラックに赤い「T」の字幕マーカーが付きます。

随所に字幕マーカーを追加します。多少位置がずれてもあとから修正できます。

再生が終了すると、字幕トラックの字幕マーカーの箇所が、青い吹き出しに変わります。「字幕ルーム」に各字幕マーカーの項目が表示されています。

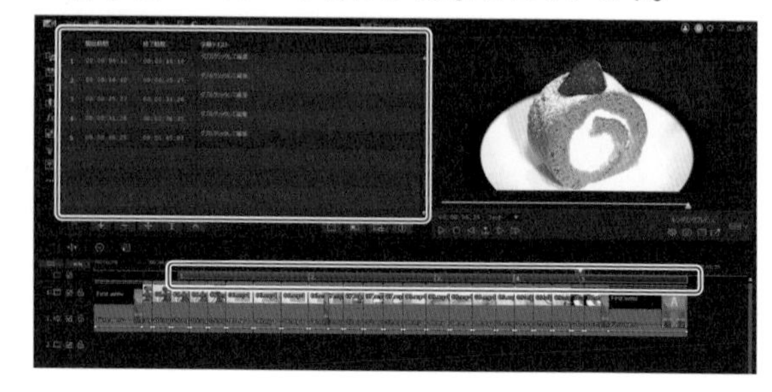

字幕を入力して調整する

入力したい字幕マーカーを❶ダブルクリックします。該当する字幕テキストボックスが入力可能になるので、❷字幕テキストを入力します。入力後は「Esc」キーを押して確定します。

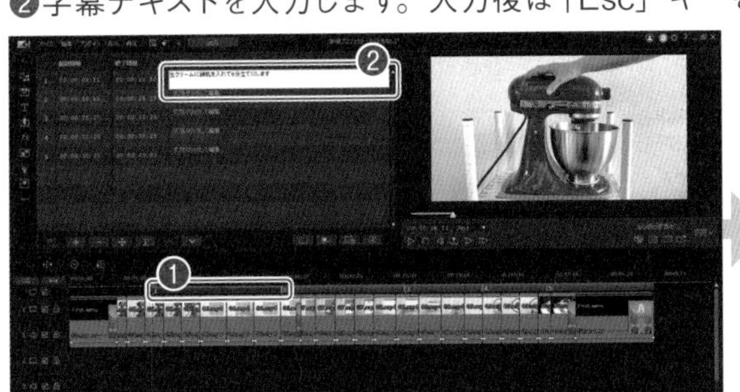

すべての字幕テキストを入力後、「字幕テキスト形式の変更」ボタンをクリックします。

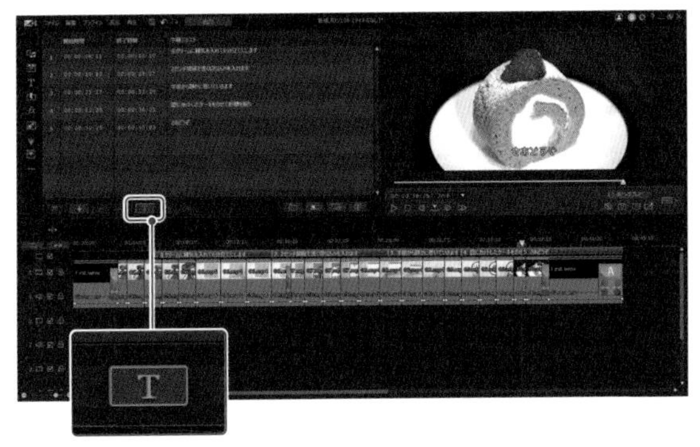

「文字」画面が開きます。ここでフォントを変更します。さらに「カラー」でテキスト、シャドウ、境界線を適用するかどうかのチェックを入れて、それぞれの色を設定します。「すべて適用」ボタンをクリックして、すべての字幕テキストに設定を同期させます。

Memo

各字幕に別々の色を設定したい場合は「すべて適用」ではなく「OK」で確定します。

「字幕位置の調整」ボタンをクリックして「位置」画面で字幕の横方向の位置を「X 位置」のスライダーで、縦方向の位置を「Y 位置」のスライダーで調整します。「すべてに適用」をクリックして、すべての字幕テキストを同じ位置にそろえます。

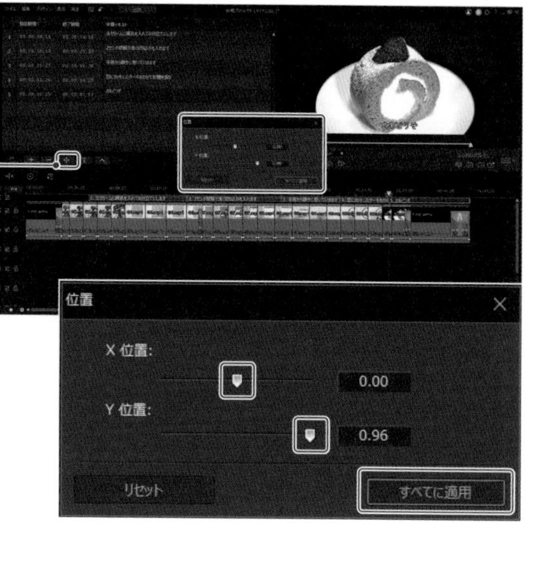

字幕を表示する長さを調整します。調整したい字幕マーカーの右端にマウスポインターを重ねると左右の矢印形に変わります。このタイミングで左右にドラッグして表示時間を調整をします。

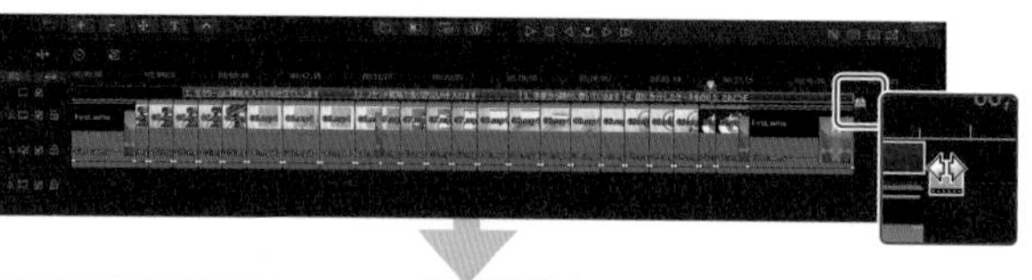

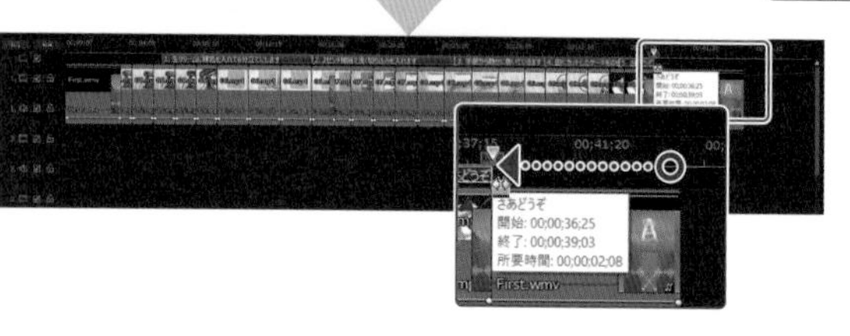

各字幕マーカーをドラッグして、表示の開始位置を調整します。全体を通して再生をして、字幕が表示されるタイミングや時間を確認しましょう。

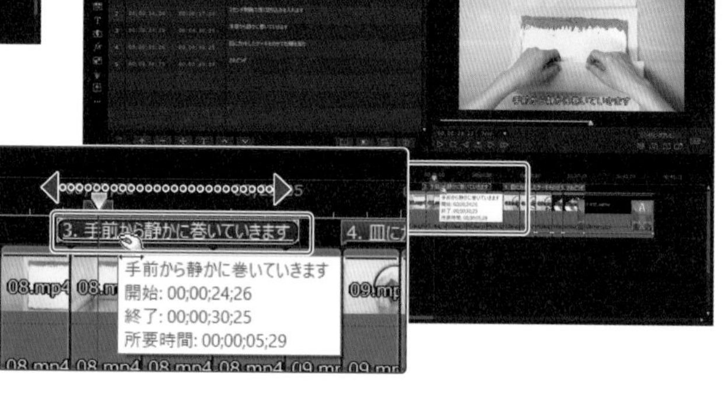

エンドロールを付けよう

動画の最後に動きのあるクレジットやエンドロールを追加してみましょう。「タイトル ルーム」でテキストを入力して、ここでは開始と終了に横にスライドするアニメーション効果を加えます。

タイトル クリップを追加して長さを調整する

「タイトル ルーム」ボタンをクリックして、「テキストのみ」の「デフォルト」のタイトル クリップを、タイムラインの何もないビデオ トラックの、エンドロールを追加したい位置にドラッグ&ドロップします。

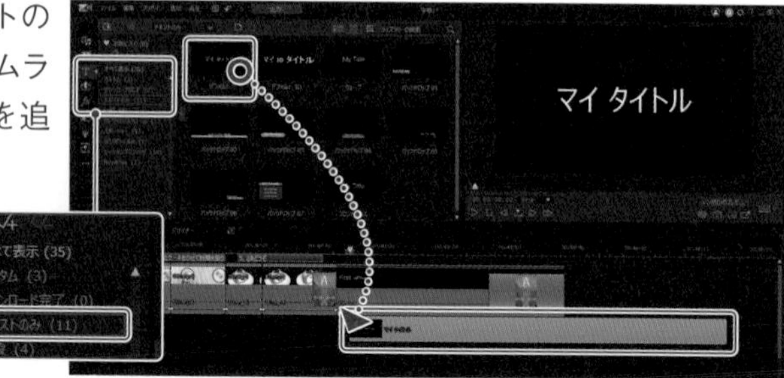

タイトル クリップの表示時間を調整します。クリップの右端にマウスポインターを重ねて、左右の矢印形になったところで左にドラッグして、終了位置を調整します。ここではビデオ クリップの終了フレームよりも少し早めの位置に設定しています。

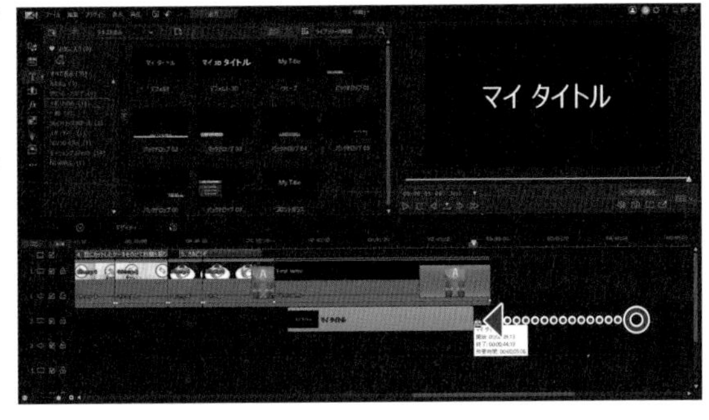

エンドロールのテキストを入力する

タイトル クリップを編集します。タイトル クリップを選択して「デザイナー」ボタンをクリックします。

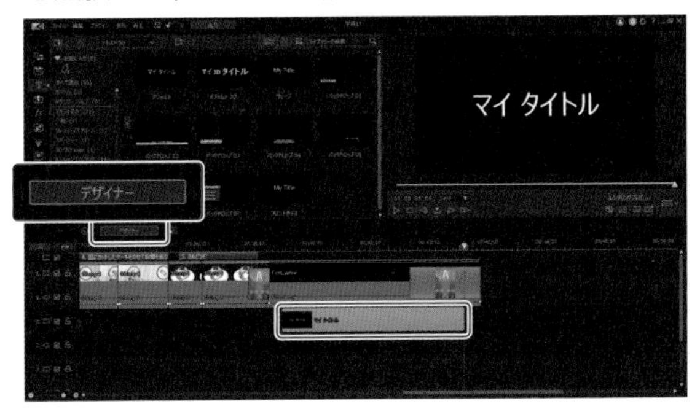

「タイトル デザイナー」画面が開きます。「オブジェクト」タブの「フォント / 段落」を開きます。

テキストボックスの❶テキスト全体を選択します。❷フォントの種類、フォントのサイズ、色などの設定をしておきます。❸文字の揃えはここでは「中央揃え」に設定しています。

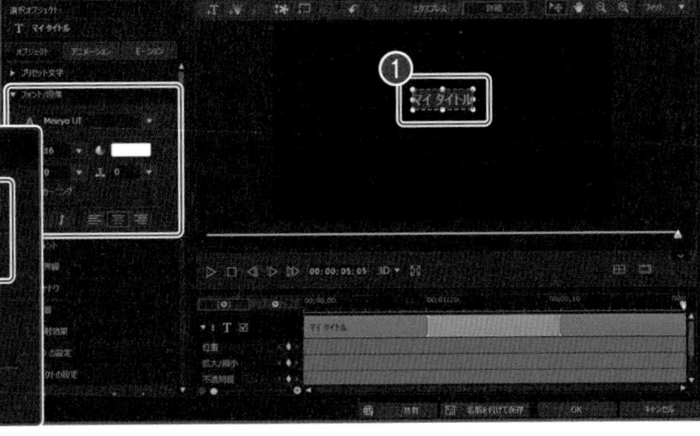

Memo

境界線、シャドウ、背景などの効果を有効にするにはそれぞれにチェックを入れます。左のドロップボタンをクリックするとさらに詳細な設定ができます。

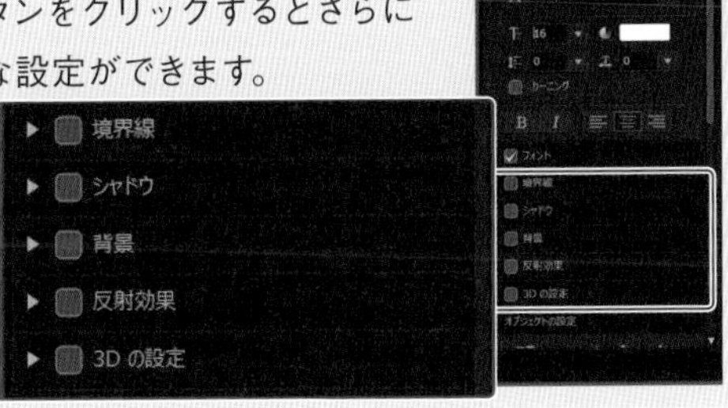

テキストボックスにエンドロールのテキストを入力します。

テキストの位置と動きを設定する

テキストボックスの枠にマウスポインターを重ねると、十字の矢印に変わります。この状態でドラッグして、テキストの位置を調整します。縦中央に重なると、縦にピンク色のガイド線が表示されます。ここでは縦中心に合わせて、やや下の方に配置します。

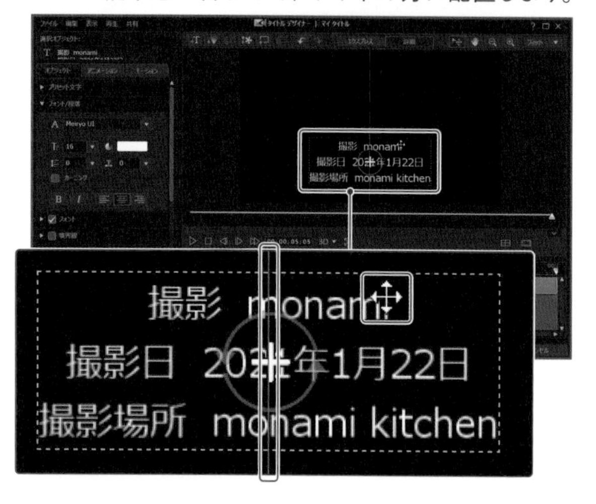

「アニメーション」タブをクリックして、「開始アニメーション」を開きます。「エフェクト」の種類で「スライド」を選びます。

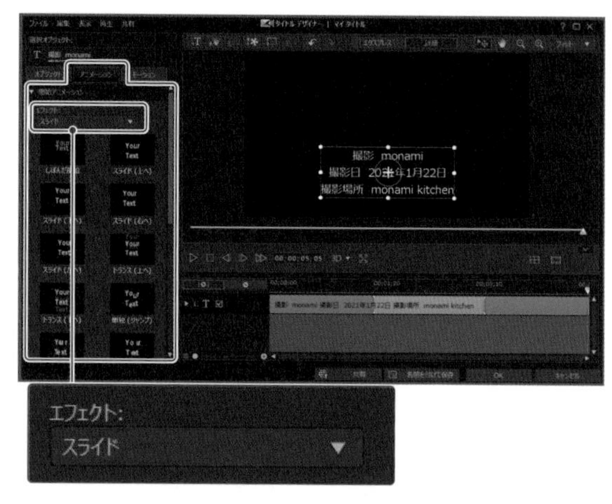

ここではエンドロールのテキストが、右から左に重なった文字がスライドしながら現れる「非表示（左へ）」を選びます。「再生」をクリックして動きを確認します。

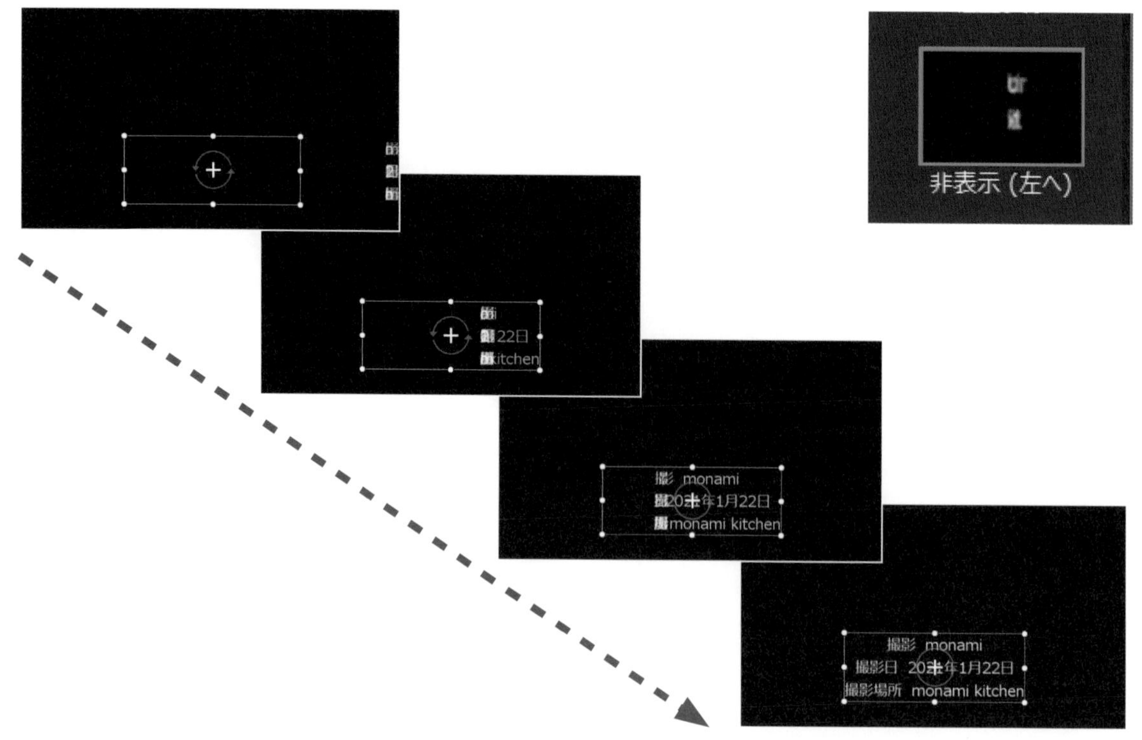

続けて「終了アニメーション」を開き、エフェクトで「スライド」を選びます。

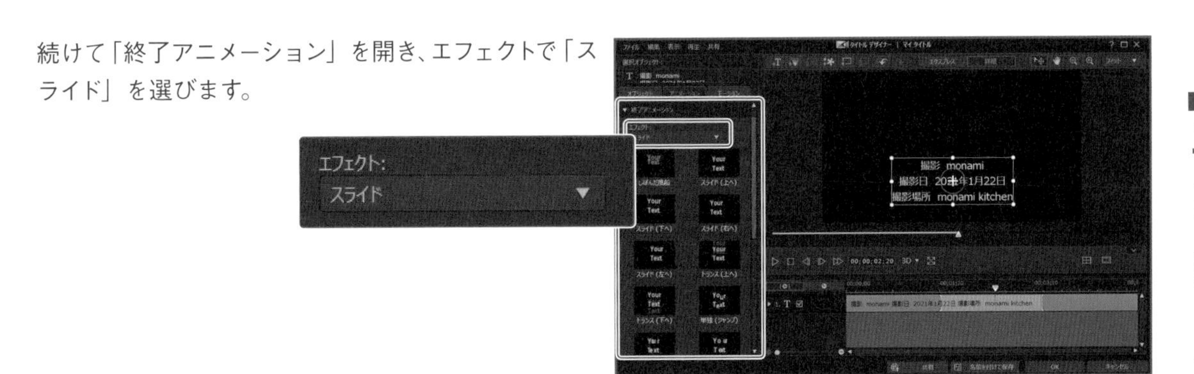

ここでは展開したテキストが、左に移動しながら重なって消えていく「非表示（右へ）」を選びます。「再生」をクリックして動きを確認後、「OK」をクリックします。

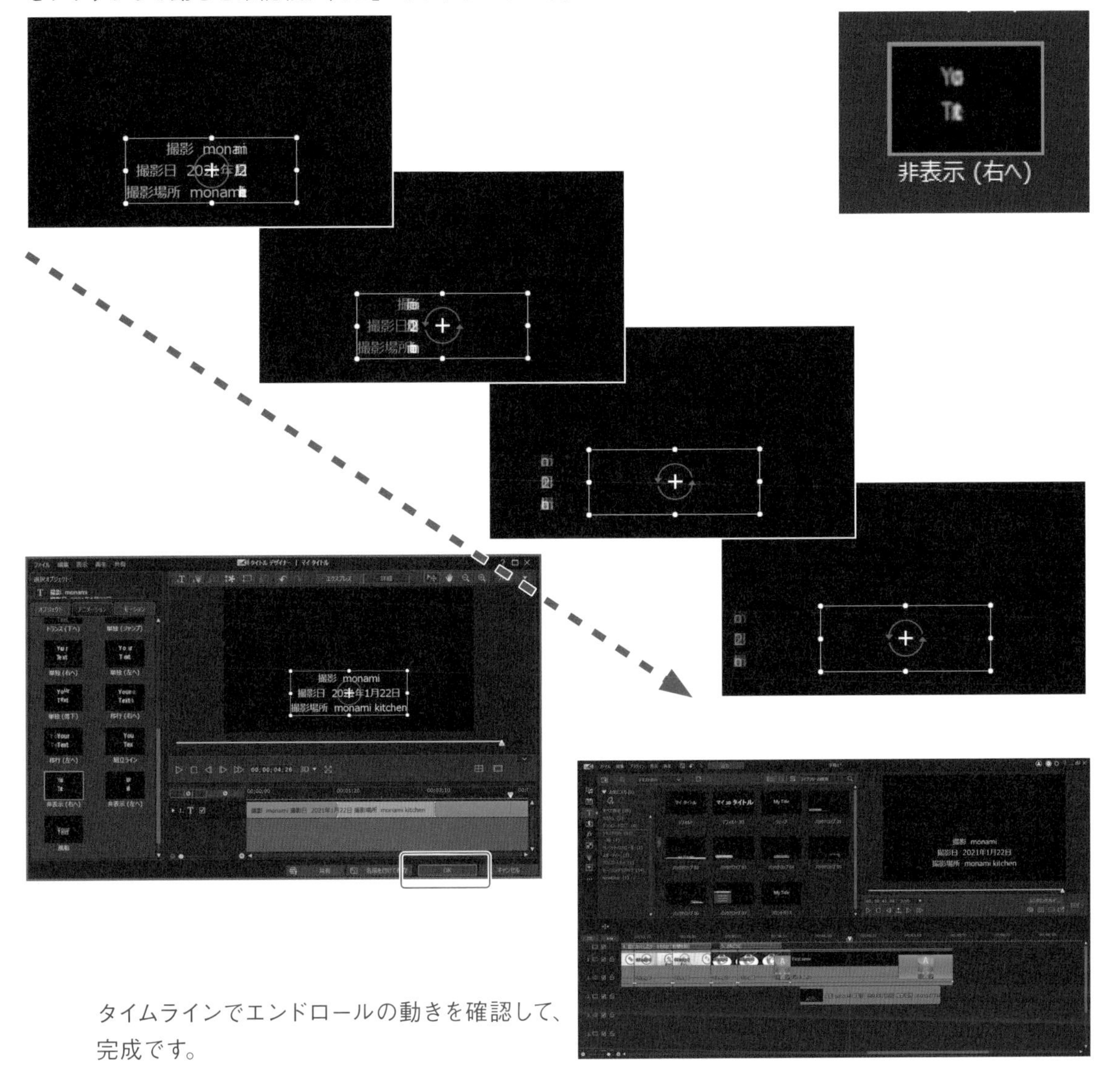

タイムラインでエンドロールの動きを確認して、完成です。

A-1 動画編集をしやすく設定しよう

動画編集をしやすいようにPowerDirectorの設定を確認してカスタマイズしましょう。また、頻繁に使うホット キーを確認したり、使いやすいキー操作に変更もできます。

「基本設定」を開いて確認しよう

PowerDirectorをより使いやすくするために、現在どのような設定になっているかを確認しましょう。

「編集」メニューから「基本設定」を選びます。

基本設定画面が開きます。設定できる内容が12項目にまとめられています。それぞれの画面でできるおおよその内容は次のようになっています。

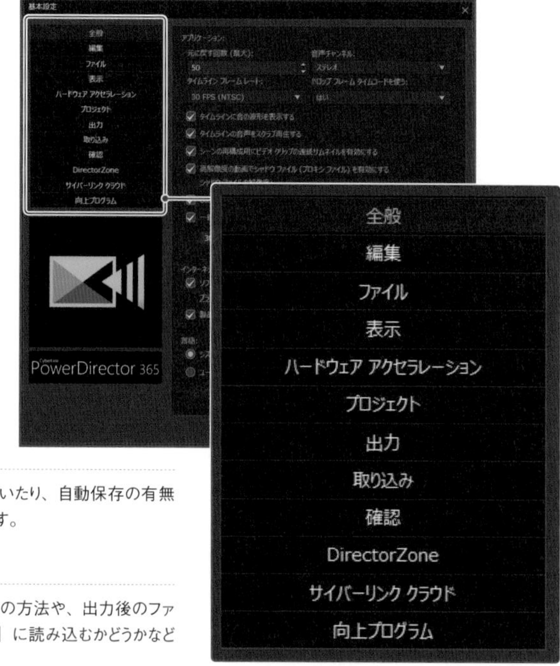

全般

※Mac版では「一般」

ソフト全般の設定をします。4Kなどの高解像度の動画を編集するときは「シャドウ ファイルを有効に」にしておくと編集を高速化できます。

編集

編集時の操作の方法を設定します。プレビュー後に動画の先頭に自動的に戻したり、クリップの位置合わせの有無などを切り替えられます。

ファイル

読み込んだ動画ファイルや、書き出した動画ファイルの保存場所を指定できます。

表示

タイムラインやプレビュー ウィンドウの表示に関する設定をします。

ハードウェア アクセラレーション※

編集をより高速化したり、最適化するための設定をします。

プロジェクト※

プロジェクトを自動的に開いたり、自動保存の有無と、保存場所を設定します。

出力※

動画を出力する際の処理の方法や、出力後のファイルを「メディア ルーム」に読み込むかどうかなどを設定します。

取り込み※

取り込んだファイルに施す処理の方法を設定します。

確認

「次回からこのメッセージを表示しない」のメッセージを有効にした際にリセットします。

DirectorZone

サイバーリンクが提供するオンラインのサービスを利用するためのアカウントを管理します。

サイバーリンク クラウド※

サイバーリンク クラウドへのバックアップと復元をしたり、ダウンロードしたコンテンツの保存場所を管理します。

向上プログラム※

PowerDirectorを使用するうえでのシステム構成や操作に関する情報収集に参加するかどうかの有無を設定します。

※印の項目はMac版にはありません。

ホットキーを活用しよう

プレビューの再生や一時停止、タイムラインの先頭にスライダーを戻すなど、動画編集で多用する操作を、キーボードのホットキーを使うと便利です。

よく使われるホットキー

カッコ内は Mac 版また「Ctrl」→「command」、「Alt」→「option」にそれぞれ置き換えてください。

新規のプロジェクトを作成	Clrl + N
プロジェクトの保存	Clrl + S
元に戻す	Clrl + Z
やり直し	Clrl + Y（「Shift+command+Y」）
トリミング ウインドウを開く	Clrl + Alt + T

選択したアイテムを削除	Del（「Backspace」）
再生 / 一時停止	Space
停止	Clrl + /
早送り	Clrl + F
タイムラインを左右にスクロール	マウスホイールの前後
タイムラインを上下にスクロール	Alt +マウスホイールの前後

ホットキーをカスタマイズする

※ Mac 版にはホットキーのカスタマイズ機能はありません。

キーボード ホットキーを、使いやすいキーに置き換えられます。「編集」メニューで「キーボード ホットキー」から「カスタマイズ」を選びます。

「キーボード ホットキーのカスタマイズ」画面が開きます。ここで各操作のホットキーを個別に確認をしたり、変更したりします。右側に「コマンド」と「ホットキー」の一覧が表示されています。

ここでは「作業領域」をクリックします。ホットキーを割り当てたいコマンド名をクリックします。例えば「動画と音声をリンク / リンク解除」選択します。

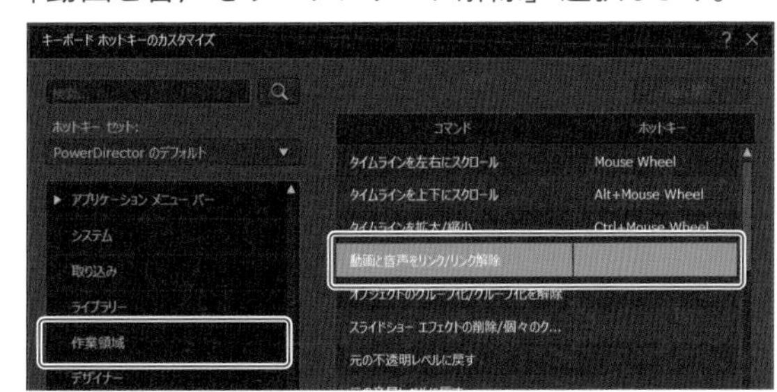

「ホットキー」のボックスに割り当てたいキーを押します。ここでは「L」キーを押します。ホットキーに「L」が割り当てられました。「名前を付けて保存」をクリックします。

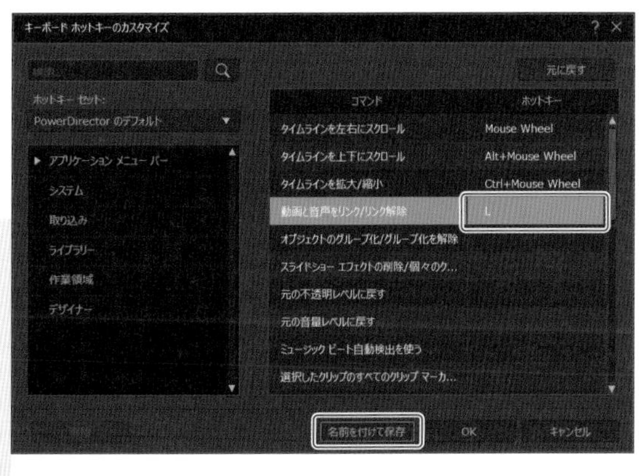

Memo

すでにほかの操作に割り当てられているキーと重複する場合は、置き換えるかどうか問われます。

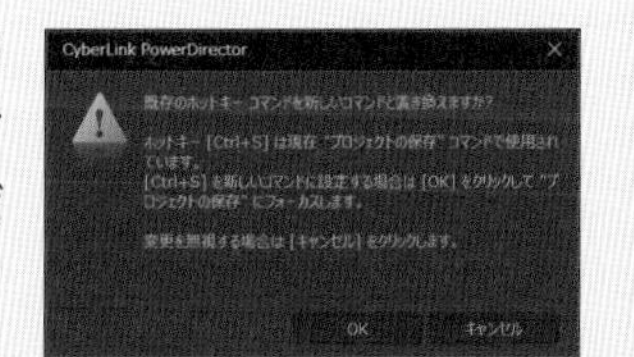

変更したホットキー セットの名前を新たに入力します。「OK」をクリックします。

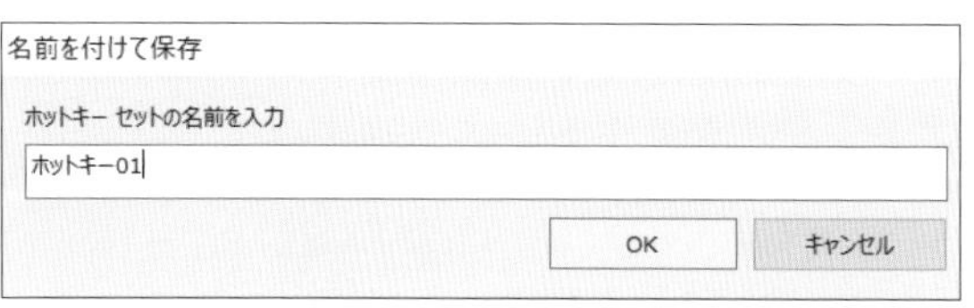

「ホットキー セット」に追加されて変更されました。「OK」をクリックすると、オリジナルのホットキーを使用できます。

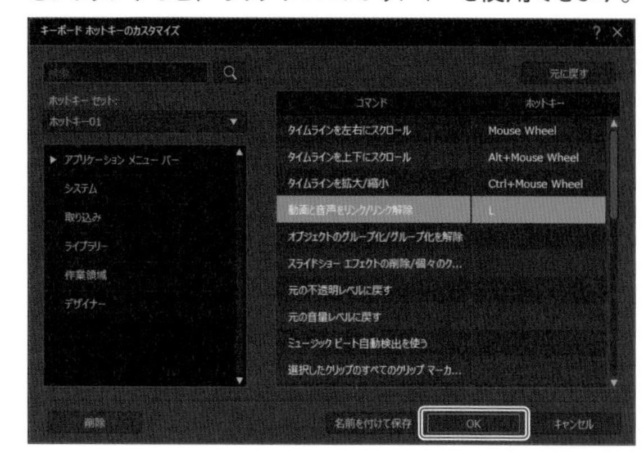

ホットキーが適用されて、ビデオと音声が別々のクリップに分かれました。分かれた2つのクリップを選択した状態で、もう一度「L」キーを押すと、双方のクリップが一緒になります。

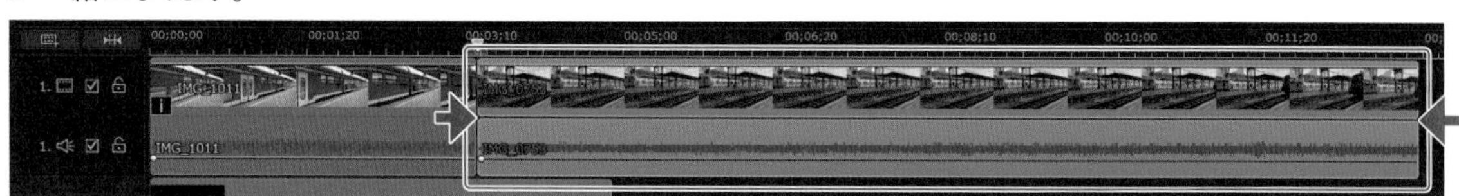

Memo

変更したホットキーを元に戻すには、戻したいコマンドを選択して「元に戻す」ボタンをクリックします。すべての変更を元に戻すには、ホットキー セットで「PowerDirector のデフォルト」を選びます。

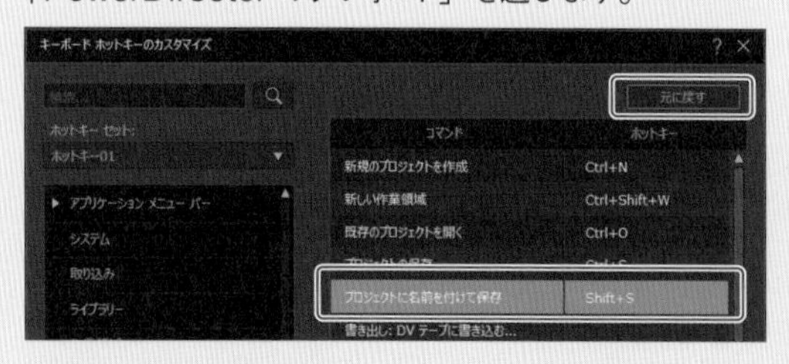

Memo

追加したオリジナルのホットキー セットを削除するには、消したいホットキー セットを開いた状態で、左下の「削除」ボタンをクリックします。

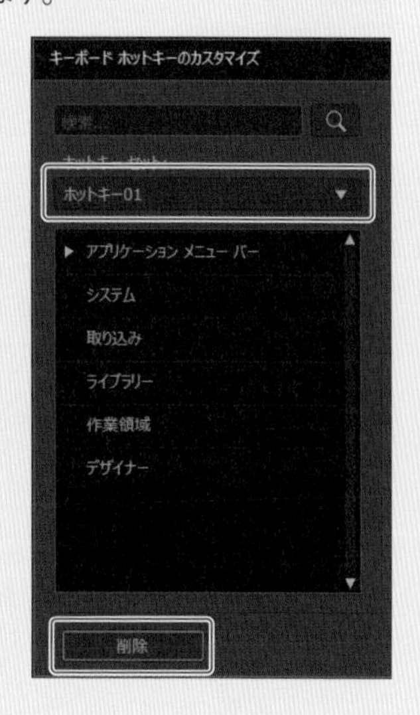

A-2 用語集

BGM	動画の背景に流れる音楽のこと。「バックグラウンド ミュージック」の略。
エフェクト・フィルター	ビデオ クリップの色や明るさ、質感などを変化させる特殊効果。
エンドロール・クレジット	動画の最後にキャストなどを表示する映像。
オーディオ ダッキング	会話など優先的に聞きやすくするための処理。
オブジェクト	動画や画像の被写体や編集の対象となるもの物や形などを指す。
音声ミキシング	オーディオ クリップの音量を調整すること。
キーフレーム	ビデオ クリップや、エフェクト、オブジェクトのサイズ、位置などを途中で変更する場合の開始点および終了点。
クリップ	動画、音声、画像、エフェクトなど、タイムラインに追加する素材の総称。
クロマ キー合成	単色の背景を透明にして特定の被写体やオブジェクトを切り抜き、ほかの映像のに貼り付ける手法。
コンテンツ	PowerDirector に読み込んだ動画、音声、画像などのクリップ。
シーン	特定の光景で撮影された動画の一連の場面。
字幕・テロップ	動画に映し出される文字情報。展開に合わせてセリフや解説をテキストでタイミングよく表示すること。
出力・書き出し	編集したプロジェクトを、一般的な動画形式で別ファイルとして保存をすること。
タイトル	動画の始まりに、動画の題名をテキストなどで表示する映像。
タイムライン	動画を時間の流れに沿って編集するための、各メディアのトラックを管理する場所。
チャプター	DVD などのディスク作成時に動画のシーンを区切る目的でつけるマーク。
テンプレート	あらかじめデザインされたひな形。タイトルなど自分で編集したデザインをテンプレートとして保存して再利用が可能。
トラック	タイムライン上のクリップなどを配置する横長の領域。
トランジション	ビデオ クリップから次のビデオクリップに切り替わるときの効果。フェードやワイプなどさまざまな種類が用意されている。
取り込み・読み込み	ほかのメディアから動画、音声、画像などのファイルをライブラリーに追加すること。
トリミング	クリップの不要な部分を切り落として所要時間を短くすること。
ビデオ オーバーレイ (PiP オブジェクト)	1 つの画面に複数の画面を配置してそこに動画や画像、アニメーションなどのオブジェクトを表示させる方法。PiP は「ピクチャー イン ピクチャー」の略。
ビデオ コラージュ	複数のビデオ クリップを 1 つの画面に並べて再生する手法。レイアウトのテンプレートが用意されている。
フェード イン・フェード アウト	フェード インはシーンが徐々に現れること。フェードアウトは徐々に消えること。
フレーム	動画の 1 コマ。1 秒あたりに表示されるコマ数を「フレーム レート（fps）」と呼ぶ。
プロジェクト	PowerDirector で編集した記録や成果物。編集の途中でプロジェクト ファイルとして保存をして活用する。
プロジェクトの縦横比	映像の縦と横の比率。アスペクト比ともよばれる。
マルチカム編集	複数のカメラで同時に撮影した複数の動画クリップを 1 つのプロジェクトで編集すること。
メディア	動画、音声、画像などの動画編集で使用する媒体の総称。
ライブラリー	読み込んだ動画、音声、画像、エフェクトなどのクリップを管理する場所。
レンダリング	編集した映像のデータを圧縮して、スムーズに再生できるようにするための処理。

索 引

さ行

た行

な行

は行

ま行

や行

ら行

購読者特典！

PowerDirector 完全リファレンス フィルター・トランジションカタログブック

①弊社サイトにアクセスします。

グリーン・プレスの Web ページ

https://greenpress1.com/

②トップページのアイコンをクリック

③「ユーザー ID」と「パスワード」※を入力し「ログイン」をクリックします。

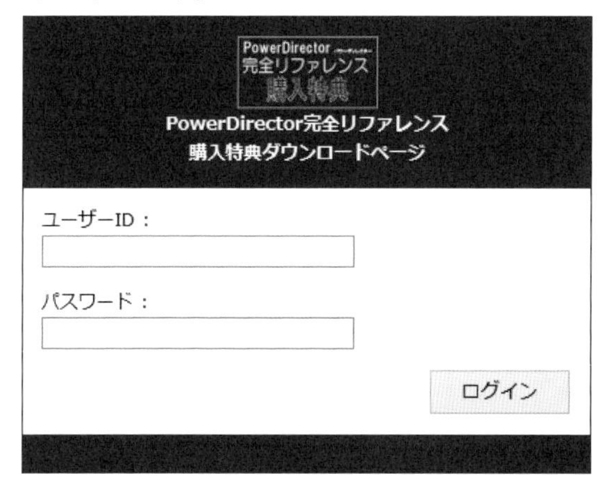

④利用にあたっての注意事項を確認の上「同意してダウンロード」をクリックします。

同意してダウンロード

⑤ページが遷移するので「ダウンロードする」をクリックします。

ダウンロードする

⑥表示される指示に従ってダウンロードしてください。

Memo

閲覧にはアドビ社の「Acrobat Reader」が必要です。
お持ちでない場合は以下からダウンロードしてください。

https://get.adobe.com/jp/reader/

※ユーザー ID ／パスワード
ユーザー ID：greenp21
パスワード：ob51boys

■ 著者略歴 ■

土屋 徳子（つちや・のりこ）

ライター・イラストレーター。
マンガ家を経て画像編集ソフトのレタッチ関連のテクニカルライターへ。
書籍・雑誌・Webにて写真編集アプリケーションの使い方や活用方法を解説。
趣味は写真の撮り歩きとユニークな発想のお菓子やパン作り。
著書に「すぐに作れる ずっと使える GIMPのすべてが身に付く本」（技術評論社）、「Corel PaintShop Pro 完全リファレンス」（グリーン・プレス）等がある。
LinkedIn ラーニングの講師として活動中。

モデル：土屋心道
清水秀真
優里奈
KEN & SAORI
タッキー（猫）

装丁・本文デザイン：
八木秀美

グリーン・プレス デジタルライブラリー 51

簡単 すぐわかる 楽しい 動画編集

PowerDirector（パワーディレクター） 完全リファレンス

2021年3月30日　初版第1刷発行

著　　者	土屋徳子
発 行 人	清水光昭
発 行 所	グリーン・プレス 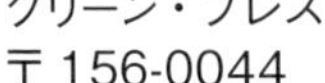 〒156-0044 東京都世田谷区赤堤 4-36-19　UKビル2階 TEL03-5678-7177/FAX 03-5678-7178

※上記の電話番号はソフトウェア製品に関するご質問等には対応しておりません。ソフトウェア製品についてのご質問はソフトウェアの製造元・販売元のサポート等にお問い合わせ下さいますようお願い致します。

https://greenpress1.com

印刷・製本	シナノ印刷株式会社

2021 Green Press,Inc. Printed in Japan
ISBN978-4-907804-43-5